십대들의
성교육

장난기 빼고 존중하며

성에 대해 토론하기

십대들의 성교육

· 김미숙 지음 ·

이비락樂

"선생님, 3학년은 언제 성교육하나요?"

"1학년 수업 시간에 성교육 했는데. 각 교과 시간에도 하고 있고, 외부 선생님 수업 시간도 있잖아."

"1학년 때보다 궁금한 게 많아졌어요. 그동안 더 자랐단 말이에요."

"저런, 3학년이 되니까 성에 대해 궁금한 점이 많아진 모양이구나."

"사춘기라 그런지 몸도 마음도 이상해지는 것 같아요."

지금 근무하고 있는 중학교에 다니는 한 학생과 나눈 대화 내용입니다. 서툴렀던 사회 초년생 햇병아리 교사 시절이 엊그제 같은데, 두 아이를 키우는 동안 경험을 통해 배우며 조금씩 제자들의 눈높이를 맞춰가던 초등학교 교사로 안주하던 시간을 지나어느새 고민 많은 중학생 제자들과 만나 이야기를 나누고 있습니다. 중학생은 대부분 사춘기를 지나는 시기이다 보니 아무래도 성적인 문제에 대한 고민이 많더군요. 그동안 이들의 크고 작은 고민에 일일이 답해주지 못 했던 아쉬움을 풀어보고자 틈틈이 책을 쓰게 되었습니다.

저는 20년 넘게 초등학생과 중학생을 지도하는 동안 사춘기 아이들의 특성을 먼저 이해해야 이들에게 제대로된 성교육을 할 수 있다는 사실을 깨닫게 되었습니다. 따라서 이 책은 먼저 사춘기의 특성과 발달단계를 이해할 수 있는 내용을 먼저 소개하고 있습니다.

책 내용은 크게 다섯 부분으로 나뉩니다. 우선 1장에서는 사춘기 청소년의 발달단계, 사춘기 뇌의 특성, 중2병의 특성에 대한 분석을 통해 사춘기 청소년의 특성을 먼저 이해하는 데서 출발합니다. 한편으로 사춘기와 관련된 예술 작품을 함께 감상하면서 사춘기를 제대로 이해하는 공감대를 높이려 했습니다. 2장에서는 사춘기 시절에 경험할 수 있는 감정인 '불안', '우울', '분노', '외로움'에 대해 살피면서 이를 예방하고 극복할 수 있는 방법에 대해 알아봅니다. 3장에서는 그동안 제가 학교에서 지도했던 사춘기 성교육의 사례와 결과물들을 공유함으로써 사춘기 청소년 성교육의 현실에 대해 공감대를 나눕니다. 4장에서는 청소년기에 주의해야 할 성관련 문제와 그 사례를 살펴보고 예방 대책에 대해 알아봅니다. 마지막 5장에서는 사춘기뿐만 아니라 우리가 살아가야 할 삶을 유익하게 할 수 있는 건강한 생활 기술에 대해 알아보고 그 방법을 활용하여 성적인 방종이나 흡연·음주 등의 잘못된 행동을 예방하면서 건강한 삶을 선택할 수 있도록 돕고자 합니다.

이 책의 가장 큰 차별성은 학교에서 직접 학생들을 지도했던 실제 교육 내용들이 담겨 있어 청소년들의 성교육에 곧바로 적용해 볼 수 있다는 점입니다. 특히 각 단락이 끝날 때마다《청소년과 함께 해보기》혹은《청소년과 함께 생각해보기》등을 통해 실제 지도에 적용해 볼 수 있도록 도왔습니다. 그리고 '읽어보면 도움이 되는 책'이라는 추천서도 수록했습니다. 이는 다년간 초등학생과 중학생을 연계하며 교육한 생생한 교육 체험을 갖고 있기 때문에 가능했습니다.

교육 현장에서 활동하는 보건 교사로서 그동안 올바른 성교육의 필요성과 중요성을 끊임없이 실감하며 고민했습니다. 어떤 초등학교 학부모님들은 전 학년 학생들의 발달단계에 맞는 성교육을 해달라는 요구를 하셔서 초등 1학년부터, 사춘기가 시작된 6학년까지 각 시기에 맞는 성교육 자료를 개발하여 수업했던 기억도 납니다. 중학교에 와서는 이미 청소년기에 접어든 아이들의 성에 대한 관심과 경험이 제 예상을 뛰어넘는 수준이라 당황하기도 했고, 잠깐의 충동을 이기지 못해 발생한 안타까운 사례도 자주 접하게 되었습니다. 사춘기 청소년을 오랫동안 지도하면서 이들에게 올바른 성 관념을 갖게 하기 위해서는 그들에게 생명의 중요성을 알리고 성에 대한 책임의식을 갖게 함은 물론, 부모의 관심과 가정에서의 사랑이 가장 필요하다고 것을 느꼈습니다. 그래서 부모가 알아야 할 성교육 교과서가 필요하다고 생각하였습니다.

무엇보다 사춘기라는 인생의 첫 번째 고비를 지나며 방황하는 아이들에게 이 책이 작은 도움이 되기를 바라는 마음을 담았습니다. 사춘기를 지나는 그들의 여정에 이 책이 그들과 함께하는 부모님과 선생님, 그들을 돕는 모든 분들에게 도움이 되었으면 좋겠습니다.

부족하지만 저의 지난 교육 경험을 담은 이 책을 통해 사춘기 아이들이 생명을 중요시하는 마음 속에 올바른 성의식을 갖고 책임과 인격을 갖춘 아름다운 사춘기를 보냈으면 합니다. 그리고 그들을 양육하는 부모, 교사, 청소년 지도자들에게도 이 책이 유용하게 활용되었으면 합니다.

오래전 사춘기 시절부터 제 곁에서 함께하며 도움이 되었던 친구들과 사춘기를 더 잘 이해하게 해준 제자들, 그리고 동료 선생님들께도 고마움을 전합니다. 저에게 늘 꿈을 갖게 해주시고 늘 제 편이 되어주셨던 아버지와 지금도 마음으로 의지하고 있는 어머니, 그리고 교사로 일하느라 바쁜 탓에 함께한 시간이 많지 않았는데도 슬기롭게 사춘기를 보내고 예쁘게 자라준 어여쁜 두 딸 윤애, 지애와 글을 쓸 수 있는 시간을 허락해준 남편에게도 사랑

의 인사를 전합니다. 마지막으로 원고를 다듬어주시고 한 권의
책으로 완성되도록 도움주신 출판사 관계자분께 감사의 마음을
전합니다.

노란 은행잎이
내려다보이는 서재에서
김미숙

목
차

프롤로그 … 4

1장

십 대,
사춘기부터 알자!

발달단계를 알면 사춘기가 보여요 … 17
사춘기의 머릿속이 궁금해요 … 22
사춘기의 탈출구, 허세와 자기과시 … 28
'중2병' 그 특별한 존재감 … 35
사춘기를 다룬 예술 작품 감상하기 … 40
우리 아이 사춘기 진단 … 46

2장

사춘기의 시그널,
어떻게 도와줄까?

불안해요, 벗어나고 싶어요 … 51
복식호흡 함께 하기 … 56
우울해요, 도와주세요 … 57
우울증 자가 진단 체크리스트 … 61
분노(화), 어떻게 조절하나요? … 63
외로워요, 도와주세요 … 69

3장

십 대들의 성교육
어떻게 할까?

사춘기에 계획하는 나의 미래 ⋯ 79

내 인생 곡선 그려보기 ⋯ 84

성적인 변화에 어떻게 대처할까? ⋯ 85

남자와 여자의 심리 차이 ⋯ 91

사춘기 아이들의 성별 심리는 어떻게 다를까? ⋯ 95

내 (　　) 친구 이럴 때 ⋯ 95

사춘기 청소년의 이성교제 ⋯ 98

성적 자기결정권의 올바른 이해 ⋯ 104

스킨십 척도판 ⋯ 108

성적 위험으로부터 보호하기 ⋯ 109

다름을 인정하는 평등한 성 역할 ⋯ 116

음란물과 성 상품화가 주는 부작용 ⋯ 124

음란물 중독 점검하기 ⋯ 129

사춘기 청소년의 생리 발달에 따른 건강관리법 ⋯ 130

4장

청소년기에
주의해야 할 성 문제

사춘기 청소년의 중독 사례 ⋯ 137

자위행위 상식 퀴즈 ⋯ 140

청소년들의 원치 않는 임신 ⋯ 141

아동·청소년 성폭력 대처방법 ⋯ 150

위험한 청소년 성매매 ⋯ 155

성 매개 감염병의 사례와 예방법 ⋯ 160

장애 청소년의 성폭력 문제 ⋯ 164

디지털 성범죄 바로 알기와 예방법 ⋯ 170

5장

십 대들을 위한
건강한 생활기술

나의 자아존중감 높이기 ··· 177
나의 자아존중감 점수는? ··· 181
좋은 스트레스 vs 나쁜 스트레스 ··· 183
스트레스 자가 진단 ··· 188
경청과 공감의 의사소통 기술 ··· 190
사춘기 아이와 대화하는 다섯가지 방법 ··· 197
바른 결정을 위한 비판적 사고 ··· 199
우리 아이 정보원 찾기 ··· 203
의사결정 기술의 3단계 ··· 204
건전한 이성교제하기: 상황과 선택 ··· 209
나의 성 건강 목표 세우기 ··· 210
성 건강 목표 세우기 ··· 214

에필로그 ··· 215

참고문헌 ··· 217

십 대,
사춘기부터 알자!

발달단계를 알면
사춘기가 보여요

교사이자 작가이며 철학자였던 진 휴스턴(Jean Houston)은 "잎이 자라고 열매를 맺고 꽃을 피우리라는 바람을 갖고 심은 씨앗을 소홀히 하지 않는 것처럼, 당신은 미래의 당신이란 정원을 보살피고 가꾸어야만 한다."고 말했습니다. 제가 수업 첫 시간에 학생들을 지도할 때마다 자주 인용하는 글입니다. 이렇듯 청소년기는 식물로 비유하면 새싹이 돋아나고 잎이 연둣빛에서 녹색으로 점차 변해가는 시기라고 할 수 있습니다.

몸과 마음이 급격한 변화를 보이는 사춘기 아이들의 특성을 제대로 이해하고 지도하기 위해서는 그들이 어떤 발달단계에 속하는지 먼저 파악하고 있어야 합니다. 그래서 우선 청소년기의 각 단계별 특성에 대해 살펴보고자 합니다.

——— 초기 청소년기(만 9세~13세) : 아동기와의 분리기, 부모의 인내기

초기 청소년기는 아동기와 분리되는 시기라고 할 수 있습니다. 이 시기는 자녀가 아동기를 벗어나면서 자신의 자유를 제한하려는 부모에게 불만을 품게 되는 시기입니다. 부모는 자식의 변화하는 모습에 놀라움을 경험하게 되는데, 이때 자녀에 대해 긍정적인 태도를 유지하는 것이 매우 중요합니다.

——— 중기 청소년기(만 13세~15세) : 또래 친구와 '패밀리'를 이루는 시기

중기 청소년기에는 또래 친구들과 또 다른 '패밀리'를 이루는 시기입니다. 이 시기에는 아이가 부모로부터 심리적으로 독립하려는 성향을 보입니다. 자녀의 선택이 현명하지 못하거나 안전하게 보이지 않아서 부모와 잦은 의견 충돌이 생길 수 있습니다.

━━━ 말기 청소년기(만 15세~18세) : 독립 시험 준비기

말기 청소년기는 아이가 어른인 척 시험을 해보는 단계로 성인이 되기 위한 준비를 하는 시기입니다. 이때 부모의 역할은 성인다운 역할을 조금 더 허락해 주되 그에 맞는 지식을 알려주고 이에 따르는 책임감을 가르쳐야 합니다. 이 시기를 잘 보내야 독립 시험기를 성공적으로 마칠 수 있습니다. 부모는 이 시기에 자녀에게 책임감을 강조하여 점점 늘어나는 자유에 안전장치를 해두

1장 십 대, 사춘기부터 알자!

어야 합니다.

—— 독립 시험기 (만 18세~23세) : 성인기를 앞둔 마지막 단계

독립 시험기에는 청소년 혼자 힘으로 살아가는 연습을 합니다. 이 단계에서 부모는 권위주의를 내려놓고, 자녀의 요청에 건강한 조언과 문제 해결 방법을 제공해야 합니다. 이 시기에 자녀가 중대한 실수를 저지른다 하더라도 임의로 구출해 주거나 비난하지 않는 것이 좋습니다. 이 기간은 청소년이 성인과 흡사한 자유를 실컷 누리다가 과한 것이 좋지 않다는 것을 배우는 시기라고 할 수 있습니다. 그러므로 부모는 자녀의 모든 부분을 통제하려 하지 않고 오히려 격려하고 조언하려는 자세를 취하는 것이 좋습니다.

사춘기는 성장이 빠른 시기이다 보니 아이들의 발달단계를 정확히 이해하고 있지 못한 상태에서 교육에 임하는 경우가 생깁니다. 그렇게 되면 제대로 된 교육과 지도가 이루어지기 어려울 수 있습니다. 그러므로 사춘기 청소년을 지도하는 교사나 학부모들은 아이들의 발달단계에 따른 특성을 먼저 이해하려고 노력할 필요가 있습니다.

사춘기의 머릿속이
궁금해요

'사춘기(puberty)'는 라틴어 'pubescere'에서 비롯된 말로 '털로 덮다'는 의미를 담고 있습니다. 즉, 사춘기는 신체에 급격한 변화가 일어나는 시기라는 것을 강조하고 있습니다.

사춘기에 이르면 어린 시절 여러 경험과 학습을 통해 형성된 신경세포들이 어느 정도 정리되기 시작합니다. 이 시기에 뇌에서는 새롭게 돋아나는 가지들을 가지치기(Pruning)하는 과정과 신경세포의 축삭돌기를 지방질덩어리가 에워싸는 수초화(Myelination) 과정이 동시에 일어나는데, 이 과정 중에 신경의 신호 전달 속도가 100배가량 빨라지는 등 대뇌의 급격한 변화가 일어납니다. 한편 기억과 사고, 판단을 담당하는 전두엽은 새롭게 재구축되기 시작합니다. 이는 건물의 리모델링에 비유할 수 있는데, 이때는 시냅스(synapes, 신경 흥분이 전달되는 자리의 두 개의 신경세포의 접합 부분)

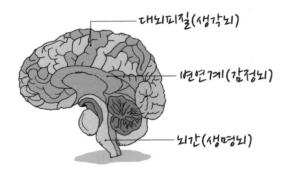

들이 제대로 연결이 되지 않은 채로 새로이 적응해 나가는 단계라서 다면적인 사고가 힘들어지고, 미리 예측하여 계획을 세우는 것도 어려워집니다. 제어를 담당하는 전두엽과 충동을 담당하는 뇌간의 발달 속도에 차이가 있기 때문에 어떤 시기에는 우울한 것처럼 보이고 어떤 시기에는 과도하게 흥분하고 충동을 조절하지 못하는 것처럼 보입니다.

이처럼 청소년기는 감정을 담당하는 뇌의 편도체 조절이 힘들어져 공격적이고 충동적인 성향을 보입니다. 특히 남학생의 경우 남성 호르몬인 테스토스테론이 여자보다 10배가량 많이 나오고 충동을 조절하는 세로토닌 분비는 적어서 더 공격적으로 보이기도 합니다. 여학생의 경우에는 직접적이지는 않으나 남을 헐뜯거나 수다를 통해 공격성을 표현하고, 감정을 주체하지 못 하면 쉽게 울음을 터뜨리는 것처럼 감정 변화도 심해집니다.

만 12세 정도가 되면 신체 발달이 거의 다 이루어지고, 감정의 뇌인 변연계가 급속히 발달합니다. 하지만 사회적 행동을 담당하는 전두엽은 완전히 발달하기까지 10~12년이 더 걸린다고 합니다. 이러한 뇌의 특성으로 인해 청소년기에는 감정 변화의 폭이 크고 예측할 수 없는 행동을 자주 하는 경향이 있습니다.

이 시기의 특징 중 하나는 사람의 표정에 대한 해석이 부정확하다는 점입니다. 다른 표정의 같은 사람을 찾아내는 테스트에서 실패하는 경우가 많다는 보고가 있으며, 놀란 표정의 사람의 감정을 물어보면 '화가 났다', '혼란스럽다', '슬프다'는 식으로 오해하는 경우가 많다는 보고도 있습니다. 상대방의 표정을 볼 때도 성인과 달리 뇌 영역에서 전전두엽보다는 편도체가 많이 활성화되는 것으로 관찰됩니다. 분노, 공포 같은 1차적인 감정을 담당하는 편도체는 즉각적으로 반응하지만, 이성적인 판단을 담당하는 전전두엽은 미숙하여 합리적인 대처에 미숙할 수밖에 없는 것입니다. 따라서 대화할 때 상대방의 표정과 말투에서 느껴지는 미묘한 뉘앙스를 이해하는 것이 쉽지 않은 시기라 할 수 있습니다.

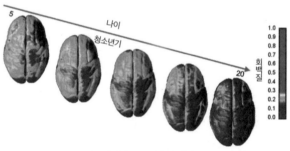

청소년의 두뇌 발달. 색이 짙어질수록 성숙한 영역.

출처 BrainFacts/SfN

청소년에 대한 연구 중 가장 흥미로운 것 중 하나는 청소년의 뇌 변화를 장기 추적하여 그 발달 특성을 알아낸 것입니다. 1999년 미국 국립정신보건원의 제이 기드(Jay Giedd) 박사는 아동기부터 청소년기에 이르는 100여 명을 대상으로 두뇌의 전반적인 발달 과정을 영상으로 촬영한 결과를 논문으로 발표했습니다. 그는 이 논문에서 우리의 뇌가 만 12~25세 사이에 커다란 변화를 겪으며 재정립된다는 사실을 알아냈습니다. 청소년기의 뇌는 뉴런과 시냅스가 정리되면서 대뇌피질이 얇아지고 효율성은 훨씬 좋아지게 됩니다. 또한 좌뇌와 우뇌를 연결하는 뇌들보는 더 두꺼워지고, 전두엽을 연결하는 신경 조직은 더욱 탄탄해집니다.

사춘기에 우리의 두뇌가 안정적으로 발달한다면 아이들은 충동, 반항, 폭력, 감정 기복, 도덕성, 이기심과 이타심 등을 잘 조율하며 지혜롭게 처신하는 어른이 될 수 있습니다. 하지만 우리의 뇌가 완전히 성숙해지려면 25세 정도는 되어야 합니다. 아직 발달 단계인 사춘기의 뇌는 미숙한 상태이기 때문에 많은 이들이 사춘기를 혼란기, 방황기라고 이야기합니다.

사춘기의 뇌는 영유아기와 마찬가지로 무엇이든 쉽게 배웁니다. 영유아기 시절 부모와의 관계에 문제가 생겨 애착 형성이 안정적으로 이루어지지 않은 아이는 나중에 정서적으로 불안한 어른으로 자라는 것을 종종 확인할 수 있습니다. 유아기 때 방치되거나 학대받은 아이가 자라서 사회에 제대로 적응하지 못하거나 범죄자가 될 가능성이 높아지는 이유도 아이들의 뇌가 새로운 정보를 받아들이는 데 무척 예민하기 때문입니다.

이와 마찬가지로 사춘기에 어떤 경험을 하느냐에 따라 뇌 발달에도 큰 영향을 미칩니다. 클래식 음악을 자주 들으면 음악적 소양의 나뭇가지가 자라고, 게임에 빠지면 게임하는 뇌만 발달하게 됩니다. 활발하게 발달하고 있는 사춘기의 뇌는 나쁜 자극에 예민하게 반응하기 때문에 쉽게 병들 가능성이 높습니다. 이 때문에 감수성이 예민한 사춘기에 술이나 담배, 폭력적인 게임이나 선정적인 영상에 노출되면 더 쉽게 중독에 빠지고 오랫동안 헤어나오지 못하게 되는 것입니다.

이렇듯 성숙도에 차이가 있는 뇌의 발달 과정을 잘 이해해야 감정 조절에 서툰 사춘기 아이들의 정서를 보다 빨리 이해하고 그에 맞게 대처할 수 있습니다.

사춘기의 탈출구,
허세와 자기과시

중학교 1학년을 마치고 2학년에 올라가는 학생들에게 이렇게 물었습니다.

"중학생이 되어서 달라진 점이 뭐야?"

그랬더니 한 학생이 이렇게 대답했습니다.

"선생님, 허세를 부리게 돼요. 무서운 것도 없어지고요."

사춘기에 들어선 청소년들 중 이처럼 허세를 부리거나 자기 과시를 보이는 아이들이 간혹 있습니다. 어쩌면 이런 모습은 그들이 세상을 살아가는 방법 중 하나일지 모릅니다. 사춘기가 되면서 신체는 빠르게 성장하고 있지만, 마음의 성장은 그에 맞춰 따라가지 못하고 있기 때문에 벌어지는 일입니다. 덩치가 커지면 무엇이든 할 수 있다는 자신감이 생기지만, 이와 반대로 정신이

나 능력이 이에 따르지 못하면서 생기는 불일치로 인해 어느 순간 좌절감을 느끼게 되고 맙니다. 자신의 미숙한 상황을 깨달으면서 생기는 이 같은 부정적인 감정에서 빠져 나오려면 그 간격을 메워줄 탈출구가 필요합니다. 이를 제대로 해결하지 못하면 마음의 병을 얻거나, 자신의 정체성을 찾지 못해 방황하는 시간이 길어질 것입니다. 사춘기 아이들이 주로 택하는 탈출구 중 하나가 바로 허세입니다. 아이들은 오늘도 자신감과 좌절감 사이에서 방황하며 허세와 자기 과시로 버티고 있는 것인지도 모릅니다.

사춘기에 들어선 청소년의 허세와 자기 과시는 '도덕성' 발달 단계와도 관련이 있습니다. 스위스의 심리학자 장 피아제(Jean

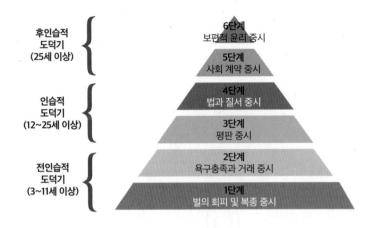

Piaget)와 미국의 심리학자 로렌스 콜버그(Lawrence Kohlberg)는 청
소년의 도덕성 발달에 대해 연구했습니다.

먼저 피아제는 사람의 도덕성을 타율적이냐 자율적이냐로 구
분했습니다. 사람은 만 10세 이후에는 '자율적 도덕성'을 갖게 되
며, 규칙은 사회 구성원의 합의나 사정에 따라 얼마든지 변할 수
있는 것이라고 받아들이게 된다는 겁니다. 피아제는 "자율적 도
덕성을 갖게 되는 만 10세 이후부터 아이는 다른 사람의 칭찬과
평판을 중시하며(3단계), 사회적 질서와 규범을 지키는 것을 올바
른 행동으로 여기는(4단계) 과정에 놓여 있다고 보았습니다. 그러
면서 4단계까지만 발달해도 사회 구성원으로 살아가기에 부족하
지 않다"고 말했습니다.

'콜버그의 도덕 발달 단계(Kohlberg's stages of moral development)'는

장 피아제의 인지발달이론을 인간의 도덕성 발달에 적용시킨 것으로, 이에 따르면 사춘기는 도덕 발단 단계 중에서도 단순히 벌을 받는 것을 피하는 것이 도덕성의 기준이 되는 1단계와 욕구 충족이 도덕성 판단의 기준이 되는 2단계를 지나, 가정을 넘어 사회 관계를 맺기 시작하는 3~5단계에 해당하는 시기라 볼 수 있습니다. 먼저 3단계는 사람들에게 착한 아이라고 인정받기를 원하는 시기로 다른 사람들이 좋아하는 행동을 하고 인정받으려는 단계입니다. 이 단계에는 인정 대상이 부모를 넘어 친구, 선생님, 동네 어른들로 확장됩니다. 4단계는 법과 규칙을 지키고 자신에게 주어진 역할에 책임을 다하는 것이 도덕성의 기준이 되는 단계입니다. 벌을 받을까 봐 두렵거나(1단계), 욕구를 충족시키기 위해(2단계), 혹은 칭찬받기 위해서(3단계)가 아니라 약속을 했기 때문에 지키려는 마음이 드는 단계입니다. 5단계의 도덕성 기준은 자신을 소중한 존재라고 느끼는 자존감이 소중하듯 타인을 존중하고 우리가 함께 살아가는 이 사회를 소중하게 여기는 마음입니다.

사춘기 아이들을 대할 때도 이러한 도덕성 발달의 단계에 맞춰 옳지 않은 일을 하면 명확하게 벌을 주고(1단계), 가능하면 원하는 것을 이룰 수 있게 지원하고(2단계), 다른 사람들과 좋은 관계를 유지하며(3단계), 법과 규칙을 지키고(4단계), 서로 존중하며(5단계) 살아갈 수 있도록 지도해야 하지 않을까요?

사춘기 아이들은 자제력이 부족한 경우가 많습니다. 자제력은 도덕성 발달과도 연관이 되어 있는데, 이는 학업 성취도에도 영향을 준다고 합니다. 이와 관련해 널리 알려져 있는 '마시멜로 실험'이 있습니다. 1960년대 미국의 심리학자 월터 미쉘(Walter Mischel) 박사는 만 4세 유아 600명을 커다란 방에 불러 모아놓고 그들에게 마시멜로를 나누어 주면서, 지금 먹어도 좋지만 자신이 잠깐 밖에 다녀올 때까지 참고 기다린다면 마시멜로를 하나 더 주겠다고 약속했습니다. 박사가 방을 나가자 600명의 아이들 중 절반 이상이 마시멜로를 먹지 않고 기다렸습니다. 15년의 세월이 흐른 후 미쉘 박사는 대학에 입학할 나이가 된 당시의 아이들을 추적 조사했습니다. 실험 당시 참지 못하고 마시멜로를 먹었

던 아이들은 작은 어려움에도 참지 못하고 쉽게 좌절하거나 포기하는 경향이 높았습니다. 대인관계에서도 짜증이나 싸움이 잦았고 학교생활도 위축되어 있었습니다. 학업성취도도 낮아 SAT 점수도 500점대를 기록했습니다. 하지만 먹고 싶다는 욕구를 자제한 아이들은 대인관계는 물론 학교생활도 원만하고 적극적이었습니다. SAT 점수도 600~700점대를 받았습니다.

이 실험은 지그문트 프로이트(Sigmund Freud)가 제시한 자신의 욕구를 자제할 수 있는 힘, 즉 만족 지연능력이 삶에 어떤 영향을 미치는지 알아보기 위한 것이었습니다. 그 결과 자신의 욕구를 참고 조절하는 능력이 높을수록 아이의 대인관계와 사회성 발달이 뛰어나며 자신이 원하는 것의 성취도 또한 높다는 사실이 입증되었습니다.

미쉘 박사는 재미있는 실험을 한 가지 더 했습니다. 아이들을 두 그룹으로 나누어 한쪽은 마시멜로를 '뭉게구름'이라고 생각하라고 했고, 다른 한쪽은 마시멜로가 '어떤 간식'인지 생각해보라고 했습니다. 그 결과 '간식 그룹'의 아이들은 5분 정도가 지나자 마시멜로를 먹어치웠지만, '구름 그룹'의 아이들은 무려 13분이나 마시멜로를 먹지 않고 참았습니다.

미쉘 박사는 이것이 사물을 다르게 인지하는 '자기 규제 방법'이라고 생각했습니다. 아이에게 무조건 참으라고 요구하는 것은

1장 십 대, 사춘기부터 알자!

아이의 주도성과 능동성에 방해가 되기 때문에 그 대신 아이가 유혹을 적절히 참아낼 수 있는 다른 회피 방법을 만들어 내야 한다는 주장입니다. 다른 곳을 쳐다보거나 다른 일을 생각하는 것, A대신 B라고 할 수 있는 적절한 대체물을 찾을 수 있도록 도와주어야 한다는 것입니다.

자제력이 부족한 사춘기 아이들에게도 술이나 담배, 게임, 폭력 행위 대신 이를 대체할 수 있는 탈출구가 필요합니다. 그들이 호기심을 갖는 술, 담배, 게임, 폭력 행위가 어떤 위험한 결과를 초래하는지 정확히 알려주어야 합니다. 그 대신에 그것보다 훨씬 좋은 것이 있다는 것을 다양한 경험을 통해 깨닫게 해주어야 합니다.

읽어보면 도움 되는 책

『마시멜로 이야기』

호아킴 데 포사다, 엘런 싱어 지음, 공경희 옮김 · 21세기북스

어느 날 조녀선 회장은 점심시간 전에 햄버거를 먹고 있는 아서에게 "또 마시멜로를 먹고 있군!"이라고 말한다. 마시멜로가 아니라 햄버거를 먹었다고 대답하는 아서에게 조녀선 회장은 '마시멜로 실험' 이야기를 들려준다. 조녀선은 마시멜로 실험 이야기로 시작해 자신이 겪어온 일들에서 얻은 지혜를 아서에게 전해준다. 충분히 똑똑하지만 오늘의 기쁨에만 집중해서 살아온 아서에게 '평범한 오늘을 특별한 내일'로 만드는 법을 알려준 것이다. 조녀선의 이야기에 자극을 받은 아서는 자신의 의지로 오늘의 작은 마시멜로를 참고 내일의 큰 마시멜로를 만들기 시작한다.

'중2병'
그 특별한 존재감

'중2병'이란 말이 있습니다. 중학교 2학년 또래의 사춘기 청소년이 흔히 겪는 심리적 상태를 빗대는 말로, 자아 형성과정에서 자신이 남과 다르다거나 남보다 우월하다는 식의 착각에 빠져 허세를 부리는 경우를 얕잡아 일컫는 속어입니다.

'중2병'이란 용어는 1999년 무렵 일본에서 처음 쓰이기 시작했고, 우리나라에 들어온 뒤에는 허세를 심하게 부리거나 하는 청소년에게 '중2병에 걸렸다.'라는 식으로 종종 사용합니다. 또 사춘기에 흔히 나타나는 기성세대나 주류에 대한 반항, 과도한 멋 부리기, 자기 과시 등을 비꼬는 용도로도 흔히 쓰입니다.

최근 중학생들과 대화를 하면서 그들의 심리를 이해하기 위한 영화를 몇 편 찾아보았습니다. 그러다가 영화《로미오와 줄리엣》을 다시 보게 되었는데, 로미오를 사랑한 줄리엣이 현대에 살았다면 '중2병'이 아니었을까? 하는 생각이 들었습니다. 로미오와 사랑에 빠졌을 때 줄리엣의 나이는 불과 열네 살이었고, 로미오 역시 십 대 청소년이었습니다. 어린 연인들의 사랑은 불처럼 뜨거웠습니다. 줄리엣의 모습을 꼼꼼히 뜯어보면, '중2병'의 특징이 오롯이 드러나 있다는 걸 확인할 수 있습니다. 중2병은 질풍노도(疾風怒濤), 안하무인(眼下無人), 후안무치(厚顔無恥)의 절정을 보여주기 때문이지요.

줄리엣은 로미오 집안이 자기네와 원수지간이라 해도, 두 사람이 결혼하면 두 가문은 화해할 수 있을 것이라고 생각했던 것 같습니다. 그래서 줄리엣은 열렬한 감정을 억누르려고도 추스르려고도 하지 않습니다. 결국 줄리엣의 중2병은 독약을 먹는 장면에서 정점을 찍습니다. 이틀 동안 시체처럼 잠만 자게 되고 잘못하면 죽을 수도 있는, 말 그대로 '독약'임에도 불구하고 줄리엣은 망설임 없이 이를 받아 삼킵니다.

그럼에도 로미오와 줄리엣의 사랑은 여전히 우리에게 아름답고 감동적으로 다가옵니다. 왜 그런 것일까요? 불같은 사랑은 젊은 시절 한때만 경험할 수 있는 바람 같은 것이라고 생각하기 때문이 아닐까요. 영혼이 성숙하는 과정에서 자연스럽게 겪는 통과의례 같은 게 아닐까 하는 생각도 듭니다. 세월이 흐르고 나면 중2병의 기억은 부끄럽지만 풋풋했던 추억으로 남을지도 모릅니다.

정신과 전문의이자 대안학교 교장인 작가 김현수는 『중2병의 비밀』이라는 저서에서 아이의 마음을 놓치면 아이도 놓친다고 이야기합니다. 그러면서 아이의 속마음을 알아주는 것이 중요하다고 말합니다. 허세를 부릴 때는 "외로워요." 짜증이 나면 "도와주세요." 무기력해지면 "힘들어요." 냉소적이면 "자신이 없어요."라고 하며 속마음을 드러낸다는 겁니다.

중2병을 겪는 시기의 또 다른 특징으로 '상상의 청중(Imaginary Audience)'을 꼽기도 합니다. 자신은 특별한 존재이며, 세상의 모든 이들이 자기를 바라보고 있다고 착각하는 것을 말합니다. 그래서 사춘기 아이들은 옷차림이나 유행을 따르는 데서 다른 이들의 시선과 평가에 민감한 것 같습니다.

저에게도 두 딸아이가 있는데, 그중 둘째 아이는 중학생일 때 방학만 되면 파마를 하고 염색을 했습니다. 개학이 가까워지면 머리를 풀고, 다시 검정색으로 염색하는 일을 반복했는데 저는 이런 모습을 도무지 이해하기 어려웠습니다. 그래서 "왜 그러는 거냐?"고 물었더니, 딸아이가 이렇게 대답하더군요.

"엄마, 이러면 좀 숨을 쉴 것 같아요. 방학 동안만이라도 제 마음대로 해보고 싶어요."

아이는 그렇게 몇 해를 보내고 지금은 대학생이 되었습니다. 그래서 저는 중학생들의 행동을 이해하기 어려울 때나 왜 그런지 궁금할 때는 딸아이에게 조언을 구하곤 합니다.

　우리가 보기에 알 수 없는 중2병의 여러 모습들은 인격이 성장하는 과정에서 한 번쯤 겪는 통과의례로 기다려 주어야 합니다. 다른 사람들의 눈에 자신이 어떻게 보일지 고민하는 아이들도 주변 친구나 부모, 선생님과 그 고민에 대해 자주 이야기 나누다 보면, 이 가운데 잘못 생각한 부분을 빨리 깨우치고 받아들여야 할 점은 무엇인지 알게 되는 것 같습니다.

사춘기를 다룬
예술 작품 감상하기

사춘기 아이들의 고민을 상담하며 이런저런 이야기를 나누다 보면 자신의 감정 변화를 어떻게 다뤄야 할지 몰라 엉뚱한 곳으로 잘못 분출되는 경우가 많은 것을 알 수 있습니다. 저는 그런 고민을 가진 아이들에게 사춘기 시절을 다룬 시나 소설, 영화, 노래 같은 예술 작품을 소개하고 함께 감상하면서 자신이 지금 갖고 있는 솔직한 감정을 정리해보는 시간을 종종 갖고 있습니다. 이번 내용은 지금까지 제가 아이들과 함께 수업하면서 다뤘던 사춘기를 이해하기 위한 예술 작품 감상의 사례들을 소개할까 합니다. 다음의 교육 사례를 참고하면서 사춘기 청소년의 발달단계와 정서 수준에 맞는 다양한 교육 활동이 가능하리라 생각합니다.

① '첫사랑'을 그린 작품을 읽고 그 감정에 대해 써보기

첫사랑의 감정은 수많은 예술가들에 의해 아름다운 시나 소설, 노래 혹은 영화나 그림으로 표현되어 오고 있습니다. 첫사랑의 사전적인 의미는 '처음으로 느끼거나 맺은 사랑 혹은 진심으로 사랑했던 첫 상대'를 뜻합니다.

흔히 첫사랑은 이루어지기 어렵다고 하는데 확실히 첫사랑이 끝까지 이어지는 경우는 비교적 드문 것 같습니다. 그 이유는 첫째로 서로 처음 하는 연애이다 보니 양쪽 다 서투를 수밖에 없기 때문입니다. 정말 좋아하고 사랑하기는 하는데 어떻게 사랑해야 하는지 그 방법을 모른다고 해야 할까요? 둘째는 첫사랑이 시작되는 시기가 감정 기복이 심한 시기, 즉 10대 중반에서 20대 초반이 많다 보니 관계를 안정적으로 유지하기가 어렵습니다. 나이를 먹을수록 남자건 여자건 이전만큼 풋풋한 감정을 느끼지는 못하지만, 대신 차분하고 신중하게 생각하면서 관계를 안정적으로 이끌어 나가는 능력을 배우게 됩니다. 이렇듯 사춘기 청소년들은 첫사랑을 겪으며 설렘과 좌절을 경험합니다.

첫사랑을 소재로 쓴 시나 소설을 읽다 보면 사춘기 시절의 설레었던 감정들이 오롯이 드러나 있음을 알 수 있습니다. 첫사랑의 감정을 노래로 만든 경우도 많습니다. 저는 제가 지도하는 사춘기 청소년들에게도 어느 날 갑자기 찾아올 수 있는 '첫사랑'에 대한 시나 노래 가사를 직접 써보라고 했습니다. 먼저 글로 첫사랑의 감정을 솔직하게 적어보는 연습을 하다 보면 어느 날 갑자기 '첫사랑'이 찾아오더라도 조금은 덜 당황하지 않을까 싶습니다.

청소년과 함께 해보기

'첫사랑'의 감정에 대한 시나 노래 가사를 써봅시다.

② 자신의 정체성을 찾아가는 과정을 다룬 영화《빌리 엘리어트》를 보고 이야기 해보기

'나는 누구인가? 나의 미래는 어떤 모습일까?' 이런 고민은 과거나 현재를 막론하고 누구나 한 번쯤은 해본 청소년기의 대표적인 고민이 아닐까 싶습니다. 부모의 관심과 사랑을 받고 자란 유복한 학생들도 많지만, 간혹 집안 형편이 어렵거나 부모의 이혼을 경험한 학생들이 방황하고 혼란스러워 하는 안타까운 모습을 볼 때도 있습니다. 그럴 때 영화《빌리 엘리어트》를 함께 보면서 이야기를 나누었던 적이 있습니다.

《빌리 엘리어트》는 영국의 한 광업 도시에서 자라난 한 소년이 자신의 정체성을 찾아가는 과정을 그린 감동적인 성장 영화입니다. 매일 복싱을 배우러 가던 체육관에서 우연히 발레 수업을 보게 된 11살 소년 빌리는 발레 동작을 따라하다 재능을 발견하게 되고, 선생님의 권유로 발레를 시작합니다. 빌리는 복싱을 배울 때보다 발레에 더 흥미가 생기고 집중도 더 잘되자 발레에 점점 몰입합니다. 주위의 반대에도 왕립학교 발레단의 오디션에 도전한 빌리는 발레를 할 때 어떤 기분이 드느냐는 면접관의 질문에 "잘 모르겠어요. 그냥 기분이 좋아요. 한 번 추기 시작하면 모든 것을 다 잊어버려요. 모든 게 사라져 버리죠. 그런 다음에 제 몸 전체가 변하는 게 느껴져요. 하늘을 나는 새가 된 것처럼요!"라고 대답할 정도로 자신의 정체성을 당당하게 표현하는 발레리노로 성장하게 됩니다. 저는 이 영화를 함께 보고 난 후에 아이들과 함께 자신이 정말 좋아하거나 몰입하는 것에 대해 이야기해보는 시간을 가졌습니다. 자신의 속마음을 솔직히 털어놓고 난 아이들은 자신이 어떤 사람인지 예전보다 더 잘 이해하게 된 것 같았습니다. 이렇게 자신에 대해 잘 알게 되면 아무리 현재가 어렵더라도 자신의 미래를 희망적으로 꿈꿀 수 있는 자신감이 생기지 않을까요?

> **청소년과 함께 해보기**

자신이 좋아하거나 몰입하는 것들에 대해 이야기를 나눠봅시다.

③ 사춘기의 외로운 감정을 『안네의 일기』를 통해 이야기 해보기

안네 프랑크(Anne Frank)는 나치 독일의 유태인 학살을 피해 다락방에 숨어 지낼 때 '나는 누구일까? 나는 어떻게 태어났을까?'를 생각하면서 일기를 쓰기 시작했다고 합니다. 가장 예민한 사춘기에 사회와 단절된 은둔 생활을 하면서 친구에게 편지를 쓰듯이 일기를 통해 자신의 내면의 고통과 두려움을 기록했던 것입니다.

저는 수업 시간에 학생들과 '이성 친구를 사귀는 이유는 무엇일까?'에 대해 토론한 적이 있습니다. 학생들은 주로 "좋아서", "이성이 궁금해서", "이성 친구를 사귀면 외롭지 않을 것 같아서"라고 응답했습니다. 어쩌면 요즘 사춘기 청소년들은 과거보다 더 큰 외로움을 경험하고 있는지도 모릅니다. 저 역시도 정체성이 형성되던 청소년기에 고민이 생기거나 미래에 대한 두려움이 찾아올 때마다 일기장에 속마음을 담은 글을 적었던 기억이 납니다. 그러고 나면 마음이 차분해지고 안정감을 느꼈던 것 같습니다. 내면의 고통과 외롭게 싸우고 있는 우리 아이들에게 자신의 감정을 솔직하게 기록한 일기를 써보도록 권유해보는 것도 좋을 것 같습니다.

> 청소년과 함께 해보기

고민과 외로움을 느낄 때 자신의 감정을 솔직하게 담은 '일기'를 써봅시다.

사춘기는 생각을 꽃피우는 시기에 비유할 수 있습니다. 꽃이 피기 위해서는 세찬 비바람도 견뎌내야 합니다. 꽃을 피워야 열매를 맺을 수 있듯이 사춘기를 슬기롭게 잘 보내야 인생의 달콤한 열매를 맺을 수 있습니다. 예술가들이 자신의 작품에 깊은 애정을 쏟듯이 사춘기 청소년에게도 주변의 깊은 애정과 관심이 필요합니다.

우리 아이 사춘기 진단

1	요즘 들어 사소한 일에 화를 내고 반항한다.	
2	부모와의 대화를 좋아하지 않고, 가족들이 자기 방에 들어오는 것을 싫어한다.	
3	예전과 다르게 부모 말에 수긍하지 않고 말대꾸를 한다.	
4	"내가 알아서 할 거야" 라고 말하며 부모의 간섭을 거부한다.	
5	점점 불량스런 말투와 행동을 하고 다닌다.	
6	친구관계에서 지나치게 상처를 받는다.	
7	특별히 친한 친구 없이 이애 저애와 어울려 다닌다.	
8	다양한 친구와 사귀기보다 단짝 친구와 붙어 다닌다.	
9	이성 친구를 사귀고 싶어 한다.	
10	1년에 2명 이상의 이성 친구를 사귄다.	
11	연예인에 대한 관심이 지나칠 정도다.	

12	학원에 가기 싫어한다.	
13	부모입장에서 볼 때는 아무런 문제없는 모범생이다.	
14	성적은 좋은 편이지만 자기만족을 하지 못한다.	
15	성적이 나빠도 크게 걱정 않고 "다음부터 잘하면 되잖아"라고 오히려 큰소리친다.	
16	자기 능력에 비해 불가능한 꿈을 꾼다.	
17	하루 종일 거울을 들고 산다.	
18	자기 외모에 지나치게 비판적이고 만족하지 못한다.	
19	가족들에게 불만이 많다.	
20	특별히 되고 싶은 것이나 꿈이 없다.	
21	매사에 열정과 의욕이 없다.	
22	지나치게 잠을 많이 잔다.	
23	게임하느라 새벽까지 잠을 자지 않는 일이 종종 있다.	
24	게임에 많은 돈을 사용한다.	
25	친구들과 문자나 '카톡'을 주고받느라 하루 종일 핸드폰을 손에 들고 있다.	

출처 『지금 내 아이 사춘기 처방전』 이진아, 한빛라이프

- **1~5개** 초4병, 중2병의 징후가 보인다. 곧 몇 몇 증상이 추가되므로 마음의 준비가 필요하다.
- **6~10개** 감기 초기 증상과 유사, 잘 관리하면 쉽게 지나갈 수 있다.
- **11~15개** 전형적인 사춘기, 지극히 정상이므로 큰 걱정은 하지 말자.
- **16~20개** 사춘기 정점에 근접 상태, 조만간 지나가나 아이만 보면 화가 날 수 있지만 자제가 필요.
- **21~25개** 사춘기 정점, 인내심을 갖고 기다리면 곧 지나간다. 이 단계에서 많은 부모가 아이와 대화 단절, 갈등 고조를 겪거나 아이에 대해 포기하는 마음을 갖기도 한다.

2장
—
사춘기의 시그널,
어떻게 도와줄까?

불안해요,
벗어나고 싶어요

　"선생님!"

　평소 잘 알고 지내던 한 학생이 보건실 문을 두드리더니 눈물을 글썽이며 저에게 다가왔습니다. 언제나 반듯하고 모범적인데다 예술적 재능도 뛰어난 아이여서 예술 학교를 지망했는데 아쉽게도 시험에 떨어지고 말았다고 합니다. 두렵고 불안한 마음이 들어서 저를 찾아왔나 봅니다. 저는 조용히 그 아이의 말을 들어주고 나서 위로와 격려의 말을 해주었답니다.

　청소년 시기에 흔히 겪을 수 있는 대표적인 증상들 중 하나가 '불안'이라는 감정입니다. 타고난 기질이나 능력, 부모의 양육방식 또는 아이를 둘러싸고 있는 환경적인 요소들이 적절히 조화를 이루지 못할 때 행동이나 정서, 인지, 사회성 등에서 적응하지 못하는 문제가 발생하곤 합니다. 불안은 위험하지 않은 상황에서 일어나는 혼란스런 반응으로 스스로도 원인을 알 수 없는 내면의 주관적인 감정 충돌의 산물입니다. 일상생활에서 어느 정도 불안이 나타나는 것은 불가피한 일이기도 하며 정상적인 반응입니다. 그러나 실제 생활의 스트레스와 분명한 관련이 없으면서 심하게 오래 지속되는 불안은 감정 상태의 이상을 나타내는 것입니다. 이때 불안한 감정을 적절히 처리하지 못하면 지속적이거나 주기적인 불안 또는 전반적인 두려움이 엄습하는 불안 장애로 진전될 수 있습니다. 뚜렷한 이유 없이 불안이 오래 지속될 때는 아이들의 자신감이나 자아상, 사회성에 영향을 줄 수 있기 때문에 적극적인 치료에 나서야 합니다.

하지만 청소년들에게 생기는 심리적 문제들은 성인에게 생기는 문제에 비하면 상당히 쉽게 교정할 수 있습니다. 청소년의 심리적, 정신적 문제를 예방하고 치료하려면 불안해하는 아이의 심정을 이해하고 공감하려는 태도와 아이가 왜 그렇게 행동하는지 그 의미의 근원을 알아보려는 노력이 필요합니다. 문제 해결의 실마리는 아이의 말을 경청하고 행동이나 표정을 주의 깊게 관찰하려는 일관되고 분명한 태도에서 시작됩니다. 요즘처럼 아이를 혼자 맡아 키우는 경우에는 부모의 컨디션에 따라 아이에게 일관적이지 못한 태도를 보이기 쉽습니다. 칭찬은 신중하게 하고, 잘못이 있으면 스스로 깨우치게 하며, 지키지 못할 약속은 피하고,

질문의 덫을 놓거나 거짓말하도록 자극하지 말며, 직선적인 충고
는 피하는 것이 좋습니다. 일단 아이에게 무조건적인 사랑을 주
어야 한다는 생각부터 버려야 합니다. 어느 정도의 좌절은 아이
의 발달에 필요한 것이고, 그래야 양보나 협동도 알게 되어 자신
의 욕망을 조절할 수 있기 때문입니다.

───── **불안에서 벗어나기 위한 운동요법**

① 스트레칭

몸의 근육을 풀어주는 스트레칭은 불안에서 벗어나는 데 큰 도
움이 됩니다. 얼굴이나 어깨, 손, 발등 같은 몸 여러 부위의 근육
을 긴장시켰다가 이완시키는 훈련을 자주하면 좋습니다. 긴장과
이완 훈련은 몸의 모든 근육에 적용할 수 있습니다. 이런 방법으
로 뭉친 근육을 풀어주는 훈련은 불안감을 없애는 데 효과가 있

2장 사춘기의 시그널, 어떻게 도와줄까?

습니다. 앞서 언급했듯이 몸과 마음이 이완된 상태에서는 불안감이 스며들 여지가 없기 때문입니다.

② 바디스캐닝(body scanning)

자기 몸 어떤 부분의 근육이 긴장 상태에 있는지 간단히 검사하는 절차로, 스트레스와 긴장감을 줄이는 데 효과가 있습니다. 다음과 같은 방법으로 하면 됩니다.

ⓐ 몸의 한 부위가 얼마나 긴장되었는지 살피면서 숨을 들이마신다.

ⓑ 숨을 내쉬면서 그 부위를 이완시킨다.

ⓒ 동일한 방법으로 몸의 다른 부위를 차례차례 바디스캐닝하고 이완시킨다.

사람에 따라 압력을 받는 지점은 각기 다릅니다. 어떤 사람은 얼굴 근육이 자주 긴장할 수 있지만, 어떤 사람은 목이나 어깨가 뻣뻣할 수 있습니다. 바디스캐닝 경험이 쌓이면 몸의 어느 부위가 자주 긴장하는지 알게 될 것입니다.

③ 복식호흡

혹시 몸이 긴장될 때마다 숨이 막히는 경험을 하지 않나요? 이때 심호흡을 하고 긍정적인 자기 대화를 시도하면 긴장과 부담을

줄일 수 있습니다. 불안한 마음이 들 때도 심호흡을 하면 불안이 줄어들 것입니다. 하버드 대학교의 조앤 보리센코(Joan Borysenko) 교수는 심호흡이야말로 불안에서 벗어나는 가장 효과적인 방법이라고 했습니다. 몸과 마음이 숨쉬기에 집중할 때는 불안한 생각이 들 여지가 없기 때문입니다. 긴장된 상황에서 자신의 호흡 방식을 깨닫고, 이를 여유 있고 편안하게 바꾸는 것은 몸과 마음을 안정시키는 가장 기본적인 기술입니다.

2장 사춘기의 시그널, 어떻게 도와줄까?

복식호흡은 배의 근육을 움직여 횡격막을 수축시키는 호흡법입니다. 아무에게도 방해받지 않는 조용한 장소에서, 아래와 같은 순서로 복식호흡을 해봅시다.

① 편안한 자세로 앉는다.

② 눈을 꼭 감고 손을 배꼽 부근에 올려놓는다.

③ 호흡법을 바꾸지 않고, 숨을 들이마실 때 배가 팽창하는지 수축하는지 살펴본다. 들이마실 때 배가 수축하면 흉식호흡을 하고 있는 것이다.

④ 호흡법을 바꾸어 복식호흡을 한다. 규칙적으로 배 깊숙이 공기를 들이마시고, 내쉴 때는 한숨을 쉬듯 숨을 내쉰다. 들이마실 때 배를 부풀리고, 내쉴 때 배를 수축시킨다. 호흡의 속도를 늦추고 더 깊이 숨을 쉴수록 몸과 마음은 더 편안해진다. 더 편안하게 숨을 쉴수록 불안은 사라지고 몸과 마음은 안정된다.

우울해요,
도와주세요

"내가 외로울 때 누가 나에게 손 내민 것처럼 나 또한 나의 손을 내밀어 누군가의 손을 잡고 싶다. 그 작은 일에서부터 우리의 가슴이 데워진다는 것을 새삼 느껴 보고 싶다. 그대여 이제 그만 마음 아파하렴."

이정하 시인의 《조용히 손 내밀었을 때》 중에 나오는 글귀입니다.

우울은 감정의 문제입니다. 아이들은 어른 못지않은 스트레스를 받고 있지만 이에 대처하는 능력은 오히려 부족합니다. 가족 내에 우울증 가족력이 있는 경우에는 더 유의해야 합니다. 우울증은 흔한 정신질환으로 '마음의 감기'라고도 부릅니다. 우울증은 성적 저하나 대인관계 등 여러 분야에서 문제를 일으킬 수 있으며 심한 경우 자살이라는 극단적인 결과에 이를 수도 있는 뇌질환입니다. 사랑하는 사람의 죽음이나 이별, 외로움, 실직, 경제적인 걱정과 같은 스트레스가 지속되면 우울증을 유발하거나 악화시킬 수 있습니다.

사춘기 우울증의 특징적인 증상은 지속적인 우울감, 의욕 저하, 흥미 저하, 불면증 등 수면장애, 식욕 저하 또는 식욕 증가와 관련된 체중 변화, 주의 집중력 저하, 자살에 대한 반복적인 생각, 자살 시도, 부정적 사고, 스스로 가치가 없다고 생각하는 상태, 지나친 죄책감, 가족과의 갈등이나 짜증, 반항 등으로 나타날 수 있으며 등교를 거부하거나, 성적이 떨어지기도 합니다. 신체적인 증상으로는 두통, 복통, 근육통을 호소하기도 합니다. 이런 상태가 지속되면 약물 남용이나 청소년 비행으로 이어지기도 합니다. 우울증에 걸리면 이전에 스트레스를 극복할 때 사용하던 방법들, 예를 들어 영화를 보거나 친구를 만나도 즐겁지 않아서 이를 극복할 수 없을 것 같고, 이러한 괴로움이 앞으로도 영원히 지속될 것처럼 느껴지게 됩니다.

우울증 증상이 계속되어 일상생활에 지장을 주는 경우에는 정신과 전문의와 상담하는 것이 좋습니다. 병원을 방문할 경우에는 환자에 대해 잘 아는 보호자가 함께 내원하여 의사에게 구체적인 정보를 제공하는 것도 많은 도움이 됩니다. 특히 자살 사고 등의 위험성이 있는 경우는 즉시 방문할 필요가 있습니다. 다행히 우울증은 효과적으로 치료될 수 있는 질환으로 초기 완쾌율이 2개월 내에 70~80%에 이르는 의학적 질환입니다. 우울증은 상담과 정신과 치료가 필수적이며 중등도 이상의 우울증은 항우울제 투여도 반드시 필요합니다. 세로토닌은 기분의 조절, 식욕, 수면, 기억, 학습 등 여러 기능을 개선시키는 작용을 하는데, 최근 개발된 항우울제들은 뇌내의 저하된 세로토닌을 증가시켜 우울 증상을 호전시키고, 부작용이 거의 없어 안전하게 우울증을 치료할 수 있다고 합니다.

일부 환자의 경우 우울증을 병으로 보지 않고 방치하다가 극단적인 결과를 맞는 경우가 있습니다. 따라서 우울증을 병으로 인식하고, 우울증의 조기 증후에 대해 제대로 알아야 합니다. 또한 자신의 기분을 흔드는 내외부의 사건을 인식하고, 우울증 증세에 대한 자기 나름의 대처 방안을 가지고 있어야 합니다.

── 가족이나 친구가 우울증 환자일 때 돕는 방법

- 우울증의 증상으로 인한 환자의 변화(짜증, 무기력, 약속 지키지 않음 등)를 비난하지 않고 우울증인지 의심해보고 차분히 대화를 나눕니다.
- 세심한 배려로 환자의 어려움을 충분히 들어주고 이해하며

공감하고 격려해줍니다.

- 우울증 치료를 받도록 적극적으로 권유하고 중등도 이상의 우울증의 경우 항우울제를 복용하도록 돕습니다.
- 섣부른 충고보다는 경청하는 자세로 환자가 감정을 표현할 수 있도록 돕는 것이 좋습니다.
- 환자를 혼자 두지 않고 운동 같은 활동을 같이 하면 좋지만 너무 강요하지는 않도록 합니다. 만약 활동을 너무 강요한다면 환자는 자신이 얼마나 힘든지 모른다고 생각할 수 있습니다.
- 자살에 대해서 언급한다면 자세히 묻고, 자살 위험이 있는 경우 즉각적으로 치료를 받도록 돕습니다.

── 우울증을 극복할 수 있는 생활 습관

- 긍정적인 생각을 갖도록 합니다.
- 운동하는 습관을 갖습니다.
- 규칙적이고 균형 잡힌 식습관을 갖습니다.
- 알코올은 우울증 치료의 적이므로 반드시 피해야 합니다.
- 명상과 요가, 이완 요법은 많은 도움이 됩니다.
- 낮잠은 30분 이내로 하고 침대는 잠을 자는 용도로만 사용합니다.

1	사소한 일에도 신경이 쓰이고 걱정거리가 많아진다.	
2	쉽게 피곤해진다.	
3	의욕이 떨어지고, 만사가 귀찮아진다.	
4	즐거운 일이 없고, 세상일이 재미없다.	
5	매사 비관적으로 생각하게 되고, 절망스럽다.	
6	스스로의 처지가 초라하게 느껴지거나, 불필요한 죄의식에 사로잡힌다.	
7	잠을 설치고, 수면 중 자주 깨 숙면을 이루지 못한다.	
8	입맛이 바뀌고 한 달 사이에 5% 이상 체중이 변한다.	
9	답답하고 불안해지며, 쉽게 짜증이 난다.	
10	거의 매일 집중력이 떨어지고 건망증이 늘어나며, 의사결정에 어려움을 느낀다.	
11	자꾸 죽고 싶은 생각이 든다.	
12	두통, 소화장애, 만성통증 등 치료에 잘 반응하지 않는 신체 증상이 계속된다.	

출처: 삼성서울병원 정신과

3가지 이상이면 약한 우울증, 6가지 이상이면 심한 우울증 증상, 좀 더 정확한 검사를 위해서는 전문의의 상담이 필요하다.

- 우울증 진단은 정신과 전문의와의 상담이 가장 바람직하지만 여러 경로를 통해 우울증 치료에 대한 구체적인 정보를 무료로 제공받을 수 있습니다.

- 보건복지부에서 운영하는 정신건강상담 전화(1577~0199)는 24시간 이용 가능하며 보건복지부 긴급 전화(129)를 통해서도 위기 시 상담이 가능합니다.

- 대부분의 시·군·구 단위에서 운영하고 있는 정신보건센터를 통하면 전문의 상담과 사례 관리를 제공받을 수 있습니다.

- 인터넷상에서는 신경정신의학회에서 운영하는 웹사이트 해피마인드(www.mind44.co.kr)를 통해 우울증에 대한 정보와 무료 상담이 가능합니다.

- 서울 광역 정신보건센터 위기관리팀에서 운영하는 사이트 (www.suicide.or.kr)를 방문하면 인터넷 채팅으로 상담할 수 있습니다.

분노(화),
어떻게 조절하나요?

"경찰청이 2015년 범죄 심리분석가 11명을 투입하여 조사한 바에 의하면, 1990년대 중반 사회적 박탈감을 불특정 다수에게 표출하는 분노 충동 범죄가 등장한 이후 2010년부터는 특별한 계획 없이 순간적으로 감정이 폭발해 저지르는 범죄들이 늘어나고 있다고 분석했다. 분노 충동 범죄의 가해자들은 공통으로 '홧김'에 범행을 저질렀다고 주장한다. 실제로 국내에서 우발적 범행 건수와 충동조절 장애로 치료를 받는 환자 수는 해마다 증가하는 것으로 나타났다."

출처: 연합뉴스, 2016. 1. 17

'분노'란 분개하여 크게 화가 난 감정이라는 의미입니다. 이런 반응은 정서적으로 상처를 받거나 신체적으로 위협을 받을 때 일

2장 사춘기의 시그널, 어떻게 도와줄까?

어날 수 있는 정상적인 반응입니다. 부당한 일에 대하여 자연스럽게 일어나는 분노는 스스로의 안전을 지키기 위한 심리적 방어로 생존 기능, 즉 순기능에 해당합니다. 그러나 합리적인 근거 없이 과도하게 반응하며 타인을 혐오하고 공격하게 만드는 분노는 자신과 타인에게 상처를 남기는 역기능에 해당합니다. 따라서 분노를 적절하게 조절하는 방법을 터득하는 것이 중요합니다.

분노 조절에 실패한 결과는 '분노 억제'나 '분노 표출'의 형태로 나타납니다. 분노 억제는 화를 다스리는 것과 달리 자신의 내부로 비난을 향하게 하여 자아존중감을 상하게 하고, 또래 관계나 사회적 상호작용을 방해합니다. 반대로 분노 표출은 화난 표정이나 말투, 욕설, 비난 등으로 나타나 극단적인 공격적 행동이나 보복하고자 하는 충동적인 행동을 유발하여 인간관계가 악화되곤 합니다. 특히 사춘기는 상대적으로 정서가 더 불안정하기 때문에 사소한 일에도 강한 분노가 일거나 반항적인 태도를 드러내기도 하고, 체중 감소, 수면 장애, 절망감, 자살 시도, 학교 폭력, 약물 남용, 품행 장애 등의 사회 문제를 일으키기도 합니다.

분노 그 자체는 부정적인 감정일 수 있지만 잘 조절할 경우에 쉽게 도달할 수 없는 목표나 어려운 일을 감당하게 하는 힘을 주기도 하고, 동기 부여에 도움이 되기도 합니다. 또한 자기 자신을 더욱 깊고 객관적으로 성찰할 수 있는 기회가 될 수도 있습니다.

이러한 과정은 자신과 타인의 인간관계와 평소에 인식하지 못했던 내면의 문제들을 볼 수 있게 합니다.

분노를 조절하는 방법

① '그만' 외치기

- 내가 이런 부정적인 생각을 하고 있다는 것을 느끼면, '그만!'이라고 말합니다.
- 속으로 해도 되지만, 가능하면 소리를 크게 외치는 것이 더 효과적입니다.

② 다른 곳으로 생각 돌리기

- 재미있는 책이나 잡지 등을 읽습니다. 소리 내어 읽는 것이 더 효과적입니다.
- 좋아하는 음악, 미술, 게임 등 자신의 취미생활과 관련한 생각을 합니다.
- 잠자리에서 양을 한 마리부터 백 마리까지 셉니다.

③ 셀프 토크하기 : 자신에게 위안이 되는 말을 반복합니다.

- 괜찮아, 괜찮을 거야. 아무 일도 일어나지 않을 거야.
- 그럴 수도 있지. 별 것 아니야.

• 아직 모든 게 끝난 게 아니야.

④ 유쾌한 기억이나 즐거운 상상하기

• 눈을 감고 호흡에 집중합니다. 천천히 숨을 들이마시고 내쉽니다.

• 편안하고 즐거운 장소나 즐거웠던 순간을 떠올립니다.

• 최근에 재미있었던 TV 장면, 친한 친구와 재미있게 놀거나 크게 웃었던 순간, 내가 좋아하는 사람의 얼굴 등을 떠올려도 좋습니다.

• 마음에 드는 즐거운 상상, 또는 편안하고 고요한 장면을 떠올려도 좋습니다.

⑤ 심호흡하기

• 호흡을 천천히 합니다. 숨을 들이마실 때는 코로 들이마시고, 내쉴 때는 입을 살짝 벌려 길게 내쉽니다. 하나에 들이마시고, 둘에 길게 내쉽니다.

• 이완될 때까지 계속 호흡에만 집중하며 천천히 숨을 들이마시고 내쉬는 것을 반복합니다.

⑥ 긴장 이완 훈련

- 양쪽 어깨에 힘을 주어 귀밑까지 바짝 끌어올려 붙입니다. 목 주변과 어깨, 귀목덜미에 심하게 긴장이 느껴질 것입니다. 그 상태를 계속 느끼며 일곱까지 세어봅니다. 힘을 뺄 때는 천천히 일곱을 세면서 힘을 뺍니다. 양 어깨와 목, 머리등이 이완되는 것이 느껴질 것입니다. 그 이완된 상태를 그대로 느껴보세요.

⑦ 기분 전환 활동하기 : 유쾌한 활동에 참여함으로써 기분을 전환합니다.

- 축구, 수영 등 운동을 합니다.
- 산책하거나 놀이공원에 갑니다.
- 신나는 음악을 듣거나, 좋아하는 노래를 부르거나, 악기를 연주해봅니다.

1. 나를 분노하게 하는 것들은 어떤 것이 있나요?

2. 분노할 때 어떤 행동을 하나요?

3. 분노의 감정을 느낄 때 나는 어떤 방법으로 조절하나요?

외로워요, 도와주세요

"선생님, 전에는 외롭다는 느낌이 들지 않았는데, 요즈음은 외로움이 느껴져요. 왜 그런 걸까요?"

학생들에게 사춘기 마음의 변화에 대해 궁금한 점을 물었더니 이렇게 제게 다시 질문하더군요. 사춘기 청소년들은 외로운 감정에 대해서도 민감하게 받아들이는 듯합니다.

이성교제에 대한 수업 시간이었습니다. 학생들에게 '이성 친구를 사귀는 이유'에 대해 질문한 적이 있습니다. 이성 친구를 사귀는 이유는 "호기심, 이성에 대해서 알고 싶어서, 이성 친구가 있으면 외롭지 않을 것 같아서, 이성 친구가 좋아서" 등이었습니다.

그중에서도 이성 친구가 있으면 외롭지 않을 것 같아서라고 대답한 친구들이 많았습니다.

'사춘기'하면 떠오른 생각을 마인드맵으로 표현하는 시간을 가진 적이 있습니다. 아이들은 '고민, 그리움, 단짝친구, 외로움' 등으로 표현 하는 것을 보았습니다. 이렇듯 사춘기 청소년들도 많이 느끼는 '외로움'은 무엇일까요?

인간은 서로 관계를 맺고 있으면 마음이 안정되고 행복하다고 느끼지만 사람들과 떨어져 혼자 있을 때는 종종 외로움을 느낍니다. 외로움과 고독이 동의어는 아닙니다. 혼자 있으면서도 즐길 수 있는 사람은 고독하지만 외롭지는 않습니다. 그러나 외로움을 느끼는 사람들은 대개 고통스럽고 고립된 삶을 살고 있습니다. 외로운 사람은 자신의 삶을 다른 사람들과 나누어 갖지 못합니다. 상대에게 마음을 열지 못하고 친밀한 관계를 회피합니다. 청소년이 외로움을 극복하는 방법에 대해 제대로 이해하기는 어려울 거라 생각합니다. 먼저 청소년을 이끄는 보호자가 외로움 극복 과정에 함께하면서 지도를 해야 할 것입니다.

외로움의 원인은 무엇일까요? 외로운 사람들은 주위에 사람이 없어서 외로움을 느끼는 것이 아니라, 주위에 있는 사람들과 친밀한 관계를 맺는 기술이 없거나 발달하지 못했기 때문입니다. 외로움을 느끼는 사람들은 대체로 이성이나 다른 사람에 대한 관심이 부족합니다. 즉 사람들과 인간관계를 맺으려는 관심이 부족한 편입니다. 외로움에서 벗어나기 위해서는 주위에 있는 가까운 사람에게 관심을 보이고 먼저 관계를 맺는 노력이 필요합니다. '친구를 사귀려면 친구가 되어 주라'는 말이 있습니다. 외로운 사람들은 다른 사람의 친구가 되어 주는 방법도 잘 모르고, 다른 사람이 친구가 되기 위해 다가와도 친구로 받아들이는 방법을 잘 모릅니다. 외로움을 극복하기 위해서는 남이 다가오는 걸 기다리기보다는 남에게 먼저 다가가는 것이 필요합니다. 또한 외로운 사람들은 공감하는 능력이 부족합니다. 사람들과 관계를 맺으면 상대방의 입장에서 감정을 느껴주고, 알아주고, 표현할 수 있어야 하는데 외로운 사람들은 이럴 때 공감하는 능력이 부족합니다.

한편 이성과의 관계를 추구하지 못하는 사람들은 상대방이 거절하는 이유가 '자신의 약점이나 부족함 때문이라고 생각하고 거절당할 것'이라 미리 짐작하고 관계 맺기를 시도하지 못합니다. 사람은 거절하기도 하고 거절당하기도 하는 것이 현실이니 거절을 두려워할 필요는 없습니다. 친밀한 관계를 맺으려면 자신의 약점이나 내면을 개방하고, 상대방의 약점이나 어려운 점을 수용해주는 것이 중요합니다. 자신의 내면을 개방한다는 것은 자신의 삶을 수용하려는 태도를 갖추고 있다는 것을 의미합니다. 외로움은 주위 사람들이나 세상이 만들어내는 것이 아닙니다. 외로움을 느끼는 사람 자체가 외로움을 만들어내고 유지하는 것이라 보는 것이 더 정확합니다.

—— 외로움을 극복하는 방법

① 완벽주의를 버려라

사람은 그 누구도 완벽하지 않습니다. 때로는 거절하기도, 때로는 거절당하기도 하지요. 한 사람에게 거절당했다고 해서 모든 사람이 거절할 것이라고 생각하는 것은 지나친 일반화의 오류입니다. 그러므로 완벽주의를 버리는 것이 좋습니다.

② 인간에 대한 부정적인 편견을 버려라

외로움을 느끼는 사람들은 과거에 가까운 사람들에게서 상처받은 경험이 있는 사람들이 많은 것 같습니다. 이런 상처를 받고 나면 이 세상 사람들은 아무도 믿을 수 없다는 생각에 사로잡혀 다른 사람들과 고립된 채 외롭게 지냅니다. 서로 상처를 주고받는 부족한 존재들이지요. 이러한 현실을 인정하고 한시바삐 다른 사람을 부정적으로 바라보는 시각에서 벗어나야 합니다.

③ 작은 만남을 시도하라

처음부터 사람을 심각하게 사귀려고 하지 말고, 사소한 대화를 하면서 상대방과 조그만 연결을 시도하세요. 이러한 만남이 잦아지면 더 깊은 관계로 발전할 수 있습니다.

④ 적극적인 사람이 되라

인간은 성격에 따라서 공격적인 사람, 수동적인 사람, 적극적인 사람이 있습니다. 공격적인 사람은 남에게 혐오감을 줄 수 있고, 수동적인 사람은 타인에게 이용당하거나 조종당할 수 있습니다. 그러나 적극적인 사람은 자신의 삶에 주인의식을 가지고 자신의 생각이나 감정을 적극적으로 표현하는 사람들입니다. 자신의 감정을 수용하고 적극적으로 표현할 때 외로움을 극복할 수 있습니다.

⑤ 다른 사람의 눈치에서 벗어나라

외로운 사람은 다른 사람들이 부정적으로 평가하는 것에 대해 불안을 많이 느끼는 사람들입니다. 인간의 가치는 다른 사람들이 인정한다고 해서 증가되는 것이 아닙니다. 스스로 자신의 처지를 받아들일 때 인간의 존엄성에 대한 자유로운 가치를 느끼게 되는 것입니다.

⑥ 자신을 책임질 수 있는 만큼 개방하라

만남 초기에 자신을 개방하는 것은 오히려 친밀한 관계에 방해가 될 수 있지만, 관계가 지속되는 경우에 자신을 개방하지 못하면 신뢰를 쌓기 어렵습니다. 신뢰 관계는 상대방에게 자신의 부족한 점을 털어놓을 수 있어야 하고, 상대방도 자신의 약점을 남에게 폭로하지 않고 지켜줄 수 있을 때 유지될 수 있습니다. 자신을 개방하는 것은 일종의 모험입니다. 그러나 모험이 있어야 서로를 잘 알게 되는 기회를 가질 수 있습니다.

정호승 시인은 '수선화에게'라는 글을 통해 "울지 마라. 외로우니까 사람이다. 살아간다는 것은 외로움을 견디는 일이다." 라고 말하고 있습니다. 시인의 말처럼 어쩌면 외로움은 받아들이고 견뎌 내야 하는 것일지도 모릅니다. '외로움은 병이다.'라고 세계 최초로 내각에 '외로움 장관'직을 신설한 영국의 메이 총리는 "외로움은 시대 건강의 커다란 적"이라며 외로움을 질병으로 간주하고 구체적인 정책대안을 내놓기도 했습니다. 이러한 외로움은 청소년기에 더 크게 느껴질 수 있습니다. 이 시기에 청소년의 부모나 선생님들의 사랑은 외로움을 이겨낼 수 있는 가장 큰 위안이 될 수 있습니다. 그러므로 부모와 청소년을 이끌어 주시는 분들의 사랑이 필요합니다.

1. 나는 언제 가장 외로움을 느낄까?
2. 외로울 때 해결 방법은 무엇인가?

3장
—
십 대들의 성교육
어떻게 할까?

사춘기에 계획하는
나의 미래

소프트웨어 개발자이자 작가인 마샤 킨더(Marsha Kinder)
는 "남들이 당신을 설명하도록 내버려두지 말라. 당신이 무엇을
좋아하고 싫어하는지 또는 무엇을 할 수 있고 할 수 없는지를 남
들이 말하게 하지 말라."라고 했습니다. 즉 자기 자신이 어떤 사람
인지 스스로 깨닫고 자신을 제대로 살피는 것이 중요하다는 이야
기입니다. 그 말처럼 자기 자신에 대해 잘 알고 기억하고 미래에
대해 계획할 수 있다는 것은 그 무엇
보다 소중한 일일 것입니다.

제 어린 시절 기억 속에는 한 그루
의 은행나무가 있습니다. 아버지께
서 제가 초등학교에 들어갈 무렵에
심으신 나무입니다. 그 나무 밑에는

3장 십 대들의 성교육, 어떻게 할까?

작은 돌 의자가 있었는데, 저는 사춘기 시절에 거기에 앉아 사색과 몽상에 잠기곤 했습니다. 가끔 그곳에 앉아 백마 탄 왕자님은 누구일까를 상상하며 미래를 꿈꾸던 사춘기 시절이 떠오르곤 합니다.

이번에는 '사춘기를 어떻게 보낼 것인가'라는 주제로 학생들을 지도하며 했던 이야기를 나누려고 합니다. 자신의 탄생에서 죽음에 이르기까지, 각자의 인생을 '인생 곡선 그래프'로 그려보자 했습니다. 그 중 한 아이의 예를 보겠습니다.

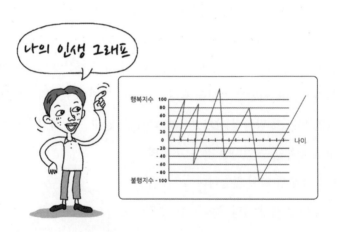

나는 현재 100점이에요.

우리 반에 좋아하는 남자 아이가 생겼지 뭐예요? 그런데 이번에 그 아이랑 짝이 되어서 얼마나 기쁜지 몰라요. 21살이 되면 아마 힘들 거예요. 대학에서 시험을 보아야 할 테니까요. 시험 준비를 하느라 스트레스를 받겠지요. 32살, 나는 대학원을 졸업했어요. 결혼은 이미 했고 어엿한 직업도 있어요. 42살, 아이가 초등학교 졸업을 했어요. 이제 더 힘들어 지겠지만 아이가 자라서 많이 기쁘겠죠? 56살, 아이가 결혼을 했어요. 사랑하는 아이가 결혼하니까 대견하고 기쁘면서도 허전할 거예요. 95살쯤에 저는 죽게 되겠죠. 그때가 되어도 저는 기쁠 것 같아요. 이제 또 새로운 세상을 경험할 테니까요.

사춘기 학생들에게 '내가 무엇을 좋아하는지, 그리고 나의 꿈은 무엇인지 그 꿈을 이루기 위해 사춘기를 어떻게 보낼 것인가'에 대해 작성하고, 나의 현재 모습과 미래의 모습을 그려보게 하고 발표하도록 했어요.

어떤 여자아이는 책을 무척 좋아하고, 대통령이 되고 싶다고 했어요. 또 스티브 잡스가 "죽음은 삶이 만든 최고의 발명"이라고 말하며 죽음을 성취하듯이 받아들인 것처럼 이 아이도 죽음에 대해 긍정적인 생각을 가진 건강한 아이였어요. 그러면서 그 여자아이는 다양한 글쓰기에 도전하고 교육청 대회에 출전하여 교육감상, 교육부 장관상을 받는 등 노력하는 모습을 보였답니다.

다른 남자아이는 의학을 좋아해서 의사가 되고 싶다고 했어요. 그리고 여러 다양한 책을 읽고, 많은 사람들과 꿈에 대해 이야기 나누고 운동도 열심히 해서 이태석 신부님처럼 가난하고 소외된 이웃을 도와주는 의사가 되고 싶다고 적었습니다. 그래서 그는 주말에는 재활원을 찾아 봉사하면서 의사가 되기 위한 봉사훈련도 하고 있다고 이야기 했습니다.

그리고 영화감독이 되고 싶다는 한 여자아이는 학교의 영화제작반 동아리 활동을 하면서 소설을 써서 인터넷에 올리기도 했어요. 몇 천 명의 정기 구독자도 생기는 것도 보았습니다. 저 또한 가끔씩 구독하면서 그 학생을 응원했지요. 그 후 그 학생은 모 대학 신문방송학과에 다니고 있다는 이야기가 들려왔습니다. 대학의 라디오 동아리의 작가와 DJ가 되기도 하고, 영화 시나리오 작가, 자신의 시나리오로 영화를 만드는 PD가 되기도 한답니다.

이렇듯 사춘기 시기에는 2차 성징이 나타나면서 몸은 어른이 되어 가지만, 마음은 아이이고 그로 인한 갈등과 고민, 호기심 등 마음의 변화를 겪는 시기입니다.

제가 사춘기 시절 은행나무 아래서 미래를 꿈꾸었던 것처럼, 인생 곡선을 그려보면서 자신의 미래를 꿈꾸어 보는 것은 이 시기에 꼭 필요한 일인 것 같습니다.

지금도 저는 마음이 지치고 힘들 때마다 어머니가 살고 계신 고향을 찾아가 쉬고 오곤 합니다. 은행이 주렁주렁 열리는 가을에는 온 가족이 모여서 은행을 따기도 하고요. 그리고 나무 밑 의자에 두 딸을 앉혀놓고 "이 돌 의자는 엄마가 어릴 때 미래를 꿈꾸고 설계하던 내 마음의 친구였다."고 이야기합니다. 이 글을 읽고 있는 부모님들도 소중한 아이에게 '마음의 돌 의자'를 만들어 주시는 건 어떨까요?

나의 미래를 꿈꾸며 '인생 곡선'을 그려봅시다.

1. 인생의 목표 정하기
2. 목표를 위해 내가 노력해야 할 것
3. 목표를 위해 내가 피해야 할 것
4. 현재의 나

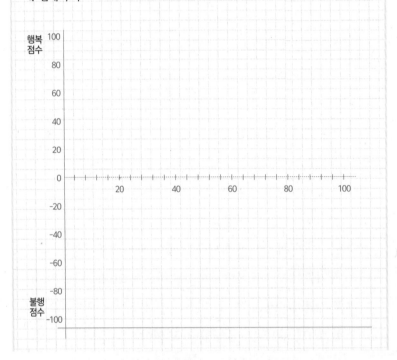

성적인 변화에
어떻게 대처 할까?

호기심 많은 사춘기 청소년들은 성에 대한 관심이 그 어느 때보다 커서 성교육 시간이 되면 그 어떤 수업 시간보다 흥미로운 것처럼 보입니다. 저는 성교육 수업을 처음 시작할 때마다 학생들에게 '성' 하면 떠오르는 단어를 마음껏 적어보라고 합니다. 학생들이 적은 대답은 '성관계', '남녀', '초경', '몽정', '2차 성징', '이성교제', '성폭력', '미혼모', '야동' 등 다양합니다.

청소년기는 아동에서 성인이 되어가는 중간 단계이며 성호르몬의 왕성한 분비로 2차 성징이 나타나면서 성적인 성숙이 이루어지는 시기입니다. 또한 학습이나 사회 · 문화적인 영향을 통해 가치관이 형성되고 발달해가는 중요한 시기입니다. 이 시기에는 성에 대한 호기심과 충동이 증가하면서 심리적으로 쉽게 상처를 받거나, 자극이나 유혹에 쉽게 빠져들기도 합니다. 그러므로 신

'성(性)' 하면 떠오르는 단어

체적 성장에 따라 변화하는 역할에 적응해야 하고, 가치관 문제나 대인관계에서 시행착오를 저지르거나 혼란을 겪기도 합니다.

사춘기의 신체적인 변화는 개인에 따라 다르게 나타납니다. 사춘기의 신체 변화는 호르몬과 밀접한 관계가 있습니다. 호르몬은 간뇌 아래에 달려 있는 뇌하수체에서 다양하게 생산되는데, 이 가운데 성선자극호르몬은 남성의 경우 고환을 자극하여 남성호르몬을 만들어내고, 여성의 경우 난소를 자극하여 여성호르몬을 생산하게 합니다. 이러한 호르몬의 영향으로 남성은 목소리가 굵어지고 몽정을 하는 등 신체적 변화가 나타나며, 여성은 유방이 발달하고 생리 현상이 나타나게 됩니다. 또한 남녀 공통적으로 음모와 겨드랑이에 털이 나기 시작하며 땀이 많이 나고 키도 빠르게 자라게 됩니다. 남녀 모두 생식기가 커지고 피지선과 땀샘의 활발한 활동으로 여드름이 생기기도 합니다.

2차 성징이 나타나는 청소년기는 신체뿐만 아니라 정신적인 성숙도 함께 이루어지면서 자의식이 발달하는 시기입니다. 이 때문에 부모님이나 선생님 등 기성세대와 갈등을 빚는 일이 자주 일어납니다. 호르몬의 영향으로 감정 변화가 매우 심해져 즐거웠다가도 갑자기 짜증이 나고, 뚜렷한 이유 없이 우울해지기도 합니다. 성호르몬의 영향으로 남성과 여성의 신체적인 성장 발달에 차이가 있듯이, 성에 대한 호기심과 이성에 대한 관심이 커지는 사춘기 남성과 여성은 심리적인 변화에서도 많은 차이점이 있습니다.

성은 우리가 성장하는 일상생활에서 자연스럽게 배우면서 관심을 갖게 됩니다. 우리 삶의 소중한 영역인 성에 대해 올바른 가치관을 갖고 건전한 생각을 형성하는 것은 행복한 삶을 위한 기초가 됩니다. 그러나 성에 대한 지나친 관심으로 왜곡된 지식을 습득하다 보면 잘못된 성의식을 갖게 되거나 부적절한 성행동을 하는 경우가 생기기도 합니다. 그렇게 되면 자신뿐만 아니라 타인에게도 나쁜 영향을 미치게 되어 앞으로의 사회생활이나 대인관계에서 큰 어려움을 겪을 수 있습니다.

① 청소년기 성적 변화에 대한 수용적 태도가 필요합니다

청소년기의 성적 발달에 따른 신체적·심리적 변화는 너무나 자연스럽고 당연한 일입니다. 몸과 마음의 변화를 부끄럽게 여기거나 숨겨야 하는 이상한 것이 아닌 자연스러운 현상으로 받아들이고, 성에 대한 고민이나 궁금한 것이 있다면 당당하게 터놓고 이야기할 수 있도록 마음의 문을 열어 놓아야 합니다.

② 성적 발달에 개인차가 있음을 이해해야 합니다

청소년기의 성적 발달 시기와 성숙 정도는 개인의 유전인자, 영양상태, 성별, 주변 환경 등의 영향으로 의한 개인차가 상당히 큽니다. 그러므로 친구와 비교하면서 성장이 더디거나 빠르다고 열등감 혹은 우월감을 갖기보다는 각각의 개인차를 이해하고 규칙적인 생활습관과 운동, 충분한 수면과 영양 섭취, 긍정적 사고로 생활하려는 바람직한 자세가 필요하다고 지도해야 합니다.

③ 성 욕구는 조절될 수 있음을 알려주어야 합니다

청소년기에 이성에 대한 관심이나 성적인 욕구가 생기는 것은 누구에게나 있을 수 있는 자연스러운 일입니다. 하지만 사람이라면 누구나 스스로 성욕을 조절할 수 있어야 합니다. 잘못된 성지

식을 배워 엉뚱한 길로 빠지지 않게 건전하게 성 욕구를 해소할
수 있는 방법을 찾도록 도와주어야 합니다.

올바른 성 가치관을 형성하기 위해 노력해야 할 방법에 대해 함께
이야기해봅시다.

남자와 여자의
심리 차이

미국의 가정의학과 전문의이자 임상심리학자인 레너드 삭스(Leonard Sax)는 저서 『남자아이 여자아이』(2007, 아침이슬)에서 "여자아이와 남자아이의 두뇌에는 차이가 있으며, 적절한 양육법과 학습법도 따로 있다."고 주장했습니다. 남성과 여성 심리에 차이가 생기는 것은 바로 뇌 때문에 벌어지는 일이라는 것입니다.

이처럼 사춘기의 남자와 여자는 2차 성징의 시작 시기나 성장 속도의 차이뿐만 아니라 성에 대한 태도에서도 큰 차이가 있습니다. 이는 남녀의 각기 다른 성호르몬인 에스트로겐과 테스토스테론 때문이기도 하고, 여자아이와 남자아이의 두뇌 차이 때문이기도 합니다.

남녀의 성의식에도 차이가 있습니다. 성의식이란 성에 대한 가치관으로 사람마다 신체적 차이나 가정, 학교, 대중매체 등 사

3장 십 대들의 성교육, 어떻게 할까?

회·문화적 환경과 경험에 따라 다르게 형성될 수 있습니다.

남성의 성의식은 감정을 행동으로 표현하는 경향이 있으며, 성에 대해 주도적이어야 한다고 생각하는 편입니다. 또한 성충동을 강하게 느끼고 성적 행동에 대한 진행이 빠른 편입니다.

반면에 여성의 성의식은 대화를 통한 감정의 소통을 중요하게 생각합니다. 성에 대해 소극적이어야 한다고 생각하고 상대방의 감정을 확인하고 싶어 합니다. 그리고 친밀감이 형성된 후에 성적 행동을 하려는 경향이 있지요.

청소년기에도 이성간의 많은 만남이 생기는데 모두 연애 관계로 발전되지는 않습니다. 여기에서는 그런 만남이 연애로 발전해 가는 보편적인 과정을 살펴보고자 합니다. 이성간의 사랑의 경험은 대체로 이성 앞에서 공연히 얼굴을 붉히며, 가슴이 설레는 불확실한 감정이 샘솟으면서 시작됩니다. 이런 감정이 거듭되는 가운데 차츰 이성으로서의 상대방의 정체와 맞서게 되지요. 이때 상대의 관심이 우호적일 때는 연애의 1단계로 진입이 이루어집니다. 연애의 발전단계는 대체로 다음과 같이 나누어 볼 수 있습니다.

1단계 : 이끌리는 좋아하는 단계(like) - 상대방이 좋게 느껴지고 가까이 하고 싶어진다.

2단계 : 알고 싶은 단계(understand) - 상대방의 모든 것에 대해 알고 싶어 하는 특별한 관심이 생긴다.

3단계 : 일치의 발견 단계(Accept) 또는 수용의 단계 - 공통점과 공감대(empathy)를 발견하여 기쁜 마음이 생기며, 상대방에게 인정받고 받아들여지고 있음에 대하여 자신감과 안도감이 찾아든다.

4단계 : 믿음의 단계(belive) - 서로를 누구보다 잘 알고 좋아할 뿐 아니라 인정하며 무엇이든 같이 나누는 사이라는 믿음이 생긴다.

5단계 : 필요의 단계(need) - 상대방에 대한 독점 의식이 생긴다.

6단계 : 사랑의 표현 단계(propose) - 상대방에게 사랑하고 있음을 고백하게 된다.

7단계 : 사랑의 약속 단계(promise) - 사랑을 획득했으며 서로 속해 있음을 믿게 된다.

이성교제의 발전 단계에 이어 남녀의 성 심리의 차이에 대해서도 예를 들어 살펴봅시다.

남자 청소년 A와 여자 청소년 B가 숲속 오솔길에서 산책을 하고 있습니다. 산책하는 두 사람의 심리는 과연 어떨까요?

남녀 간의 성 심리 차이

A는 이곳은 호젓하고 B의 기분도 좋아 보이니 기회를 틈타 '키스'를 시도해 봐야겠다고 생각하고 있습니다. 이에 반해 B는 A가 그렇게 생각하고 있다는 것은 상상도 하지 못한 채 조용한 숲속에서 지저귀는 새소리를 들으며, 이름 모를 꽃들을 보고 낭만적인 대화를 나누며 멋진 남자와 함께 있으니 얼마나 좋은가 하고 행복해 하고 있습니다. A의 행복감은 성행위와 관련지어 일어나기 쉬운 것임에 반해, B는 성행위와 무관하게 그 분위기 자체를 즐기고 있는 것입니다.

이렇듯 청소년의 이성교제에서는 남녀 간의 성 심리 차이를 먼저 이해하고 접근하는 것이 필요합니다.

사춘기 아이들의 성별 심리는 어떻게 다를까?

아래 글을 읽고 청소년들과 사춘기 심리에 대해 이야기해봅시다.

〈딸의 사춘기〉

1. 친구관계에 매우 민감하다.
– 집단의식이 분명하게 자리 잡는 시기이므로 가족보다 친구관계에 더 집착한다.
2. 신경질적인 말투를 쓴다.
– 사춘기의 반항심은 스스로 주체가 되어 인정받기를 원하기 때문에 나타나는데, 여자아이는 주로 쏘아 붙이거나 신경질적인 말투로 이를 표현한다.
3. 비밀을 간직하고 싶어 한다.
– 여자아이들은 2차 성징을 수치스럽게 생각하기도 한다. 이런 내용들은 또래 친구하고만 공유하려 하고 비밀이 지켜지지 않을 때는 극단적인 생각까지도 한다.
4. 감수성이 예민해진다.
– 여자아이들은 감정 표현에 능숙하고 감성적이며, 상대의 기분도 잘 배려한다. 그러다보니 감정에 휘둘려 마음의 병인 '우울증'을 얻기도 하는데 '슬픔'에 약하기 때문이다.

〈아들의 사춘기〉

1. 관계 정립을 시작한다.
– 남자아이들은 비슷한 성향이나 취미를 가진 아이들끼리 그룹을 형성하는데, 그룹 내에서 서열을 매기고 친구들끼리는 무조건 신뢰하는 경향이 있다.
2. 거칠고 과격해진다.
– 남성호르몬이 왕성하게 분비되는 시기로 몸을 부딪히는 활동이 많아지기 때문이다.
3. 성적 욕구와 이성에 대한 관심이 높아진다.
– 성적 욕구는 남자아이들이 훨씬 더 강해서 자칫 돌발행동을 할 수도 있지만 수치심이나 죄책감을 갖게 하지는 말자. 자칫하면 성을 부끄러운 것으로 받아들일 수 있다.

4. 성취욕을 갖기 시작한다.
- 호전적인 성향을 보이고, 자신이 잘할 수 있는 분야에서 성취하려는 경향이 강하다.

출처: 《내 아이의 사춘기》(2010), 스가하라 유코, 한문화

아래 내용은 필자가 '내 남자 친구 이럴 때 좋다, 내 남자 친구 이럴 때 싫다.'라는 내용으로 토론 발표한 자료입니다.

내 남자 친구 이럴 때	
좋다!	싫다!
• 운동 잘할 때 • 잘 생겼을 때 • 기념일 잘 챙겨줄 때 • 나만 바라보는 남자 • 옷을 매너 있게 입는 남자 • 데이트하고 어두운 길 바래다주는 남자 • 키 차이에 설렐 때	• 약속 시간 안 지킬 때 • 이야기하다 중간에 대화 끊는 남자 • 잘 안 씻는 남자 • 게임하느라 약속 잊어버리는 남자 • 나 몰래 다른 여자 친구 사귀는 남자 • 욕하는 남자 • 담배 피거나 술 마시는 남자

위의 예시를 참고로 하여 여자인 경우 '내 남자 친구 이럴 때 좋다, 싫다', 남자인 경우 '내 여자 친구 이럴 때 좋다, 싫다'로 아래 빈칸을 채워봅시다.

내 ( ) 친구 이럴 때	
좋다!	싫다!

사춘기 청소년의 이성교제

소중한 친구를 갖는 것은 모든 이들의 소망입니다. "친구들은 저마다 우리 속에 세상 하나씩을 만들어 준다. 그 친구가 오기 전에는 생기지 않았을 세상을"이라고 한 소설가 아나이스 닌(Anais Nin)의 말처럼 마음이 맞는 친구와의 만남은 새로운 세상을 여는 열쇠가 되기도 합니다. 특히 이성 친구와의 만남은 남녀 모두에게 더욱 새로운 경험을 선사할 것입니다.

이성 친구와 만나다 보면 서로 다른 성적인 심리 차이를 발견하는 일이 많습니다. 성 심리를 남성과 여성의 일반적인 특징들로 모두 일반화할 수는 없기에 성별에 따라, 개인에 따라 그 다름을 인정하고 이해해야 합니다. 따라서 이성 친구를 대할 때는 앞에서도 살펴본 바와 같이 상대의 성 심리 차이를 인정하고 서로의 특성을 존중하려는 태도가 필요합니다. 이성교제를 할 때는 먼저 대화를 통해 상대의 마음을 정확히 파악하고 그에 맞게 신중하게 행동하려는 자세가 바람직합니다.

청소년기의 이성교제는 서로 다른 생각과 심리를 가진 사람이 친밀한 관계를 맺어가는 것이기 때문에 자신의 장단점에 대해 깨닫는 기회가 될 수 있습니다. 그리고 상대방의 성을 이해하고 존중하는 법을 배우게 되기도 합니다. 이성교제를 하면서 사랑의 의미와 기쁨을 알아가게 되면서 정서적인 만족감도 느낄 수 있습니다. 그러나 청소년기에는 감정의 변화가 심해 교제 기간이 짧고, 서로에 대한 이해가 부족한 경우가 많다고 합니다. 또한 지나치게 감정적으로 빠져서 이성교제에만 몰두하다 보면 학업이나 가족과 다른 친구들과의 관계는 물론 자신의 삶까지 소홀하게 될 수도 있습니다. 건전하지 못한 이성교제는 상대방을 배려하지 못하는 잘못된 태도를 갖게 하거나 서로의 몸과 마음을 위험에 빠뜨리는 심각한 문제를 발생시킬 수도 있습니다.

청소년기에 바람직한 이성교제를 하기 위해서는 이성을 단지 호기심의 대상이 아닌 하나의 인격체로서 존중하고 배려하며, 서로에 대해 예의를 지키고, 상대방을 위해 절제하는 마음을 갖는 것이 필요합니다.

2013년 10월 서울시립청소년성문화센터에서 서울지역 중학생 2학년 1,103명을 대상으로 청소년성문화 실태를 연구하는 조사를 실시했습니다. 이 연구 결과에 따르면 여학생의 43.3%, 남학생의 31.9%가 연애 경험이 있는 것으로 나타났습니다. 데이트를 할 때의 스킨십 경험 정도는 손잡기 43.8%, 껴안기 26.1%, 키스 10.5%, 기타 4.1%, 몸 만지기 1.2%, 성관계 1%였습니다. 연애를 하지 않는 이유는 이유 없음이 23.2%, 관심 없어서가 21.3%, 나중에 하려고 15.8%, 거절에 대한 두려움 14.5%, 공부 방해 2.5%, 부모님 반대 1.6%, 이상형을 못 만나서 9.3%, 고백 받지 못해서 10.6%, 학칙에 어긋나서가 1.2%로 나타났습니다.

사춘기 청소년들이 실제 이성교제를 하는 경우가 거의 절반에 가까울 정도로 많다는 것을 알 수 있습니다. 뿐만 아니라 소수이긴 하지만 성관계에 이르는 경우까지 있다니 놀라운 결과입니다. 이런 현실에서 우리 청소년들이 올바른 이성교제 예절을 잘 아는 것이 중요하다고 할 수 있습니다.

이성 친구와 정서적으로 친밀한 감정을 공유하고 좋은 사이를 유지하려면 서로를 인격체로 존중하고 상대방의 부족한 부분을 문제 삼지 않는 배려와 사랑하는 마음을 가져야 합니다. 이성 친구와 사귈 때는 서로에게 지켜야 할 예절에 대해 함께 대화를 나눈 뒤 반드시 지키도록 해야 합니다.

다음에서는 이성교제의 각 단계별 변화에 따른 대처 방법에 대해 자세히 정리해보았습니다.

만남의 시작단계

- 상대방을 인정하고 받아들이면서 서로에게 믿음을 주게 됩니다.
- 서로에 대해 알아가는 단계이므로 서로의 장·단점을 이해하고 보완하려는 노력이 필요해요.
- 신체적 접촉에 대해서는 한계를 명확히 정하는 것이 필요합니다.

만남이 무르익는 단계

- 서로에 대해 애착이 많아지고 간섭도 많이 하게 되지만 먼저 상대방을 존중하고 배려하려는 노력이 필요합니다.
- 자신의 입장이나 의사를 분명히 표현하여 서로에게 신뢰를 쌓는 것이 중요해요.
- 일방적인 생각으로 상대방에게 강요하거나 구속하는 것은 문제를 일으키므로 바람직하지 않습니다.

3장 십 대들의 성교육, 어떻게 할까?

사귀다 헤어지는 단계

- 청소년기의 이성교제는 그 기간이 매우 짧은 경우가 대부분입니다. 그러므로 이성 친구와 사귀다 헤어지는 것을 종종 봅니다.
- 자신의 의사를 분명히 표현하고 상대방의 의사를 존중하고 배려하는 것이 필요합니다.
- 서로 헤어진 후 상대에 대해 악의적인 소문이나 위협적인 행동은 바람직하지 않아요.

• 서로 더 좋은 이성 친구를 찾아가는 과정이라고 생각하고, 서로의 발전을 빌어줍니다.

청소년과 함께 해보기

내가 경험한 이성교제에 대해 써봅시다.

- 언제 경험했나?
- 어떤 단계까지 경험했나?
- 현재는 어떤 모습인가?
- 나의 이성교제에서 아쉬웠던 점은?
- 앞으로 이성교제를 한다면 어떻게 할까?

성적 자기결정권의
올바른 이해

성교육 수업 시간에 학생들에게 물었습니다.

"성적 자기결정권이란 무엇일까요?"

학생들이 각기 다른 자신의 생각을 말합니다.

"성에 대해 어떤 행동을 할지 결정하는 거요."

"남자 친구를 제가 사귀기로 결정하는 거요."

"싫다고 말할 수 있는 거요."

'성적 자기결정권'이란 대한민국 헌법 제10조(인간의 존엄과 가치, 행복추구권, 기본적 인권보장)에 의해 보장되는 권리 중 하나로 인간의 존엄과 행복 추구권을 근거로 자신이 원하는 성과 관련된 모든 행동을 스스로 결정하거나 거부할 수 있는 기본적인 인권을 말하는 것입니다. 성에 대한 관심이 점점 커지는 사춘기 청소년들이 성행동에 대한 책임감을 갖기 위해 반드시 알아야 할 중요한 권리라 할 수 있습니다.

2017년 아이들의 성경험에 대해 조사한《청소년 건강행태 온라인 조사》에 따르면, 10대들이 처음 성관계를 가지는 나이가 2007년에는 14세, 2011년에는 13.6세, 2015~2016년에는 12세 이하로 점차 빨라지고 있다는 것을 알 수 있었습니다. 조사 내용처럼 중학생 이상의 청소년이 되면 성행위에 직접 나서는 경우가 종종 생기고 있습니다. 청소년 시기에는 충분한 성적 의사결정 과정 없이 충동적으로 성 행동을 하는 경우가 대부분이며, 성행동을 할 때도 어떤 선택을 해야 할지 당황한 나머지 뜻하지 않은 결과를 낳는 경우도 발생하고 있습니다. 이로 인해 원하지 않은 성관계나 임신, 낙태 등의 피해자와 가해자가 점점 늘어나는 추세입니다. 따라서 자신이 진정으로 원하는 결과를 얻기 위해서는 성적 자기결정권의 행사가 필요한 경우와 자신이 책임질 수 있는 성행동의 한계를 알고 그에 따른 성적인 의사결정을 하도록 지도해야 합니다.

── 성적 자기결정을 할 때의 바람직한 태도

만약 자신의 성적 자기결정이 타인의 성적 자기결정권을 침해한다면 올바른 성행동이라고 할 수 없습니다. 성적 자기결정권을 행사할 때에는 남녀 간의 다른 차이를 이해하고 상대방의 거절 의사를 존중하되, 아무리 좋아하는 사람이라도 내가 그 행동이 싫다고 느낄 때는 당당하게 '싫다'고 표현할 수 있어야 합니다. 잘못된 성행동의 결과가 가져올 문제점을 생각해 본 후 상대방의 침묵을 동의로 오해하지 않고 성행동을 강요하지 않도록 해야 합니다.

저는 성행동 시 올바른 결정을 돕는 'Life skill로 배우는 성 톡톡' 프로그램을 진행하고 있습니다. 중학교 1학년 학생 102명을 대상으로 프로그램을 진행하면서 '사춘기의 신체'에 관해 궁금한 점 3가지를 선택하는 설문 조사를 한 적이 있습니다. 그 결과 키가 크고 체중이 증가하는 것 58.8%, 여드름 54.9%, 사춘기 전후로 시작되는 몸의 변화 20.58%, 자신과 주변 친구들의 몸의 발달 차이 19.6%, 몸에서 나는 냄새 17.64%, 남자와 여자의 발달 차이 17.64%, 목소리 변화 8.82%, 체모 6.86% 등에 관해 궁금하다는 답을 얻었습니다. 다음으로 '사춘기의 마음'에 관해 궁금한 것을 물었습니다. 그 결과 복장이나 헤어스타일에 신경을 쓰게 되는 이유 39.21%, 아무렇지 않은 일로 기분이 좋아지거나 나빠지는 이유 38.23%, 부모님이나 형제의 말을 차분히 듣지 못하는 이유 38.23%, 이성에 대한 관심이 생겨나는 이유 28.43%, 갑자기 외롭다고 느껴지는 이유 27.45%, 갑자기 혼자가 되고 싶다는 생각을 하게 되는 이유 18.62%, 초조하거나 불안한 일이 많아지는 이유 14.70%, 여러 가지 일들에 대한 관심이 생겨나는 이유 11.76%순으로 궁금증을 갖고 있었습니다. 저는 이 설문 조사 결과를 바탕으로 아이들에게 적절한 주제를 선택해서 성교육 수업을 진행하고 있습니다.

또 수업 시간에 사춘기 학생들이 성적 접촉에 대해 어떻게 생각하는지에 대해서도 질문했습니다. 그 결과는 아래 표와 같습니다.

질문	사귀는 이성 친구와 스킨십(손잡기, 포옹)을 하는 것이 자연스럽다.	많이 사랑하면 성관계를 할 수 있다고 생각한다.
답변	① 매우 그렇다(16.67%) ② 그렇다(35.29%) ③ 보통이다(26.47%) ④ 아니다(11.76%) ⑤ 전혀 아니다(6.86%)	① 매우 그렇다(6.86%) ② 그렇다(5.88%) ③ 보통이다(13.72%) ④ 아니다(21.56%) ⑤ 전혀 아니다(50.98%)

이 조사 결과를 바탕으로 학생들에게 '내가 누군가와 이성교제를 한다면 신체 접촉을 어디까지 허용할 것인가?', '신체 접촉 범위를 정했다면 그 이유는 무엇인가?'에 대한 답을 적도록 했습니다. 이는 이성교제를 하는 과정에서 다가오는 이성에게 무방비

상태로 성을 경험할 것이 아니라, 충분히 능동적으로 상황을 시뮬레이션하도록 돕는 과정이라고 볼 수 있습니다. 이처럼 사춘기 청소년 시기에는 성행동에 대한 나름의 기준을 세우고 스스로 책임 있는 성행동을 할 수 있도록 돕는 것이 아름다운 성을 가꾸어 갈 수 있도록 돕는 것이 아닐까 생각해 봅니다.

스킨십 척도 판

아래의 '스킨십 척도판'은 저자가 '이성교제 어떻게 할 것인가?'에 대해 토론 수업 시간에 활용하는 자료입니다. 청소년과 함께 이에 대해 이야기를 나누어 봅시다.

10대들 간의 이성교제 시 가능한 성 행동은?

손잡기　　허리·어깨에 손 얹기　　키스　　애무　　페팅(진한 애무)　　성관계

1. 이성 친구가 스킨십을 하자고 한다면 어떻게 하겠습니까?
2. 청소년기에 이성 친구와의 스킨십은 어느 정도까지 해도 된다고 생각하나요?

성적 위험으로부터
보호하기

부모님들께

나는 소아 애호증을 가진 소아 성애자입니다. 사람들은 '아동 성추행범'이라고도 합니다.

내가 당신의 아이를 곧 추행할 것을 알리기 위해 이 편지를 씁니다.

그렇지 않을 거라고요? 얼마나 쉬운지 말해드리죠. 아이가 말하고 싶은 것을 듣지 않고 중요하지 않은 유치한 대화로 치부할 때, 당신은 당신의 아이를 나에게 보내고 있는 것입니다.

나에게는 아이가 말하는 것을 모두 들어주는 귀가 있습니다.

당신이 아이의 친구 앞에서 아이를 혼내거나 비웃을 때, 당신은 당신의 아이를 나에게 보내고 있는 것입니다. 나는 아이의 눈물을 닦아 줄 수 있습니다. 당신이 당신의 아이를 무릎 위에

놓고 귀여워하거나 안아 주지 않을 때 당신은 당신의 아이를
나에게 보내고 있는 것입니다.

내 무릎은 어떤 아이든 안을 수 있을 정도로 크고, 나는 아이를
무척 잘 안을 수 있습니다. 당신이 당신의 아이에게 칭찬을 충
분히 해주지 않을 때 당신은 당신의 아이를 나에게 보내고 있
는 것입니다. 나는 아이에게 줄 수 있는 관심과 애정이 무척 많
습니다.

내가 누구냐고요? 난 당신의 이웃일 수도, 직장 동료일 수도,
아이의 선생님일 수도 있습니다. 당신은 나를 알 수도 모를 수
도 있지만 당신의 아이는 나를 알고 있습니다. 나는 당신이 아
이에게 주지 않았던 관심과 애정을 주고 있는 좋은 사람입니
다. 그 보답으로 당신의 아이가 해야 하는 것은 내 성적 욕구를
따르는 것입니다.

난 멈출 수 없습니다. 아이가 추행당할 리 없다는 당신의 자신
감이나 이웃의 아이가 추행당하는 것에 대한 당신의 무관심,
내가 어떻게 행동하는지에 대한 당신의 무지는 나 같은 사람들
이 당신의 아이를 추행하기 쉽게 만듭니다.

위 글은 2009년 EBS 다큐프라임《아동 범죄, 미스터리의 과학》
2부에 소개된 내용 중 일부로, '소아 애호증을 가진 소아 성애자'

가 미국의 아동 안전 전문가 켄 우든(ken wooden)에게 보낸 편지입니다. 이 편지를 쓴 그는 그 어떤 부모보다도 아이를 잘 파악하고 있으며, 아이의 마음을 얻는 방법을 아는 전문가입니다. 그는 아이를 성추행하기 전까지는 아이에게 있어 가장 가까운 친구입니다. 아이의 말을 잘 들어주고 아이에게 사랑을 주고 있다고 말하는 이 성추행범은 겉으로 보기에는 친근한 모습으로 아이에게 접근하고 있음을 알 수 있습니다. 이 글을 통해 우리는 성폭력을 행하는 자들이 '관심과 사랑'에 굶주린 아이들에게 얼마나 쉽게 접근하여 성적 욕망의 대상으로 삼고 있는지 잘 알 수 있습니다.

최근 몇 년간 아동이나 청소년을 대상으로 한 성폭력 사건이나 중 · 고등학생을 대상으로 벌어진 성매매 사건 소식이 들려올 때마다 저는 항상 가슴이 철렁했습니다. '아동 · 청소년 성폭력 예방교육'은 과연 누구를 대상으로 어떻게 해야 하는 것일까요?

──성폭력 안전 보호 교육

아동 · 청소년을 성폭력으로부터 안전하게 보호하기 위해서는 먼저 예방에 초점을 맞춘 교육이 이루어져야 합니다. 1차 예방을 위해서는 안전한 환경 조성이 필요합니다. 아동 · 청소년이 생활하는 가정환경과 등하굣길, 그리고 학교와 학원 등에서 안전한 환경을 만들어야 합니다. "아이를 키우려면 온 마을이 필요하다"라는 아프리카 속담처럼 아동·청소년이 생활하는 모든 곳에서 안전한 환경을 만들려면 어떻게 해야 할까요? 가장 먼저 부모가 앞장서서 청소년들에게 관심을 보이고 어떤 상황이나 주제에 대해서도 자유롭게 이야기할 수 있는 지지자가 되어야 한다고 생각합니다. 또한 청소년과 성에 대해서도 자연스럽게 이야기할 수 있는 분위기가 만들어져야 합니다. 보호자는 아이들의 신체 변화나 2차 성징 등에 대해서도 솔직하게 가르쳐 주어야 합니다. 아이들이 성에 대해 궁금해하거나 호기심을 가질 때 회피하지 않고 솔직하게 이야기해주는 것이 좋습니다. 그리고 모르는 사람뿐만 아니라 가족이나 친지 등 아는 사람일지라도 청소년의 몸을 함부로 만지는 일이 벌어지면 그것이 '성폭력'이라는 사실을 가르쳐야 합니다.

① 안전환 환경을 만들어주어야 합니다

아동의 성폭력 발생 현황을 살펴보면 오후 1시부터 5시까지의 발생율이 가장 높다고 합니다. 그리고 아동을 유인하는 장소로 길·놀이터·공원이 가장 많았으며, 다음으로 범죄인의 집, 피해자의 집에서 성폭력 피해가 일어난다는 통계를 확인할 수 있습니다. 그러므로 13세 미만의 아동은 혼자 있는 시간을 줄여주고 등하굣길의 안전과 방과 후 가정에서의 안전에 대한 계획적인 관리와 끊임없는 관심이 필요합니다. 13세 미만 어린이들은 되도록 부모나 선생님 같은 믿을 만한 어른과 함께 있도록 해야 합니다.

② 일상생활 속에서 경계 교육을 시켜야 합니다

일상생활 속에서 꼭 지켜야 할 작은 규칙들을 미리 알려주고 지키도록 만들어야 합니다. 예를 들어, 다른 사람이 접촉할 때 좋은 접촉과 나쁜 접촉은 어떻게 다른지, 거기에 어떻게 반응해야 하는지를 가르치는 것이죠. 그것은 싫은 접촉을 거부하는 것을 가르치는 것이기도 합니다. 또한 가족 구성원 사이에도 가족 경계(family boundary)를 정하고 지키는 것이 필요합니다. 모든 가족 구성원이 개인적 활동에 있어서 프라이버시를 보호받을 권리가 있음을 알려주고, 가족 규범에 대해 확실하게 알려주어야 합니다.

③ 배려에 대해 가르쳐야 합니다

요즘 아이들은 배려심이 부족한 경우가 많습니다. 그래서 때로 친구들의 행동을 있는 그대로 받아들이지 않고 자기중심적인 행동을 하는 경향이 있습니다. 가정에서 교육할 때 나는 좋아하는 행동이지만, 다른 친구는 싫어하는 행동일 수도 있다는 것을 가르치는 것이 필요합니다. 친구가 싫다고 말하면, 친구가 싫어하는 행동을 하고 있다고 받아들이도록 교육시켜야 합니다. 아동에게 'NO'라고 말하는 법을 가르치기 전에 어른이 먼저 아동의 'NO'를 존중해줘야 합니다. 예를 들어 아이가 할머니의 뽀뽀가 부담스럽다면 다른 방법으로 애정을 표현해달라고 말하고, 할머니에게도 왜 이렇게 하는 것이 아동의 안전을 위해 중요한지를 알려주어야 합니다.

④ 신뢰할 수 있는 관계를 유지해야 합니다

평상시 아이가 외부에서 돌아오면 관심을 갖고 자주 이야기를 나누는 것이 중요합니다. 평소의 감정이나 생각을 편안하게 표현할 수 있는 분위기를 조성하는 것이 중요하며, 자기표현능력을 익혀서 자신에게 일어난 어떤 일이든 부모님께 이야기하도록 해야 합니다. 자녀의 감정이나 생각을 무시하면 아이는 자신에게 관심을 보이거나 친절하게 대해주는 사람의 말에 귀를 기울이게 됩니다. 그러다 보면 쉽게 성폭력의 위험에 빠질 수 있습니다. 그래서 부적절한 접촉 경험 같은 문제가 생길 때 부모에게 터놓고 이야기할 수 있는 신뢰 관계를 만들어두어야 합니다.

⑤ 평상시에 자녀에게 사랑 표현을 자주 해야 합니다

성공적인 자녀의 양육에 있어 가장 중요한 부분은 애정과 적절한 통제를 통한 '대화'인 것 같습니다. '대화의 효과'는 아이의 자아존중감을 발달시켜주기 때문에 정신적인 안정과 마음의 평화를 가져다줍니다. 아이에게 엄마 아빠는 언제나 함께하며 항상 아이의 편이라고 믿게 만들어 자존감을 향상시켜주어야 합니다. 그래서 위험한 유혹 상황에 처했을 때 "엄마에게 여쭤보고 이야기할게요."라고 말할 수 있도록 지도해야 합니다.

봄의 새싹같이 아름답고 고귀한 우리 아이들의 성을 지키고 가꾸기 위해서는 부모와 교사가 깊은 애정을 가지고 함께 노력해야 합니다.

청소년과 함께 해보기

부모님께 바라는 바를 솔직히 이야기하는 사랑의 편지를 써봅시다.

3장 십 대들의 성교육, 어떻게 할까?

다름을 인정하는
평등한 성 역할

      청소년들에게 내가 만약 남자라면, 내가 만약 여자라면 어떨까 질문하고, 각각의 경우일 때의 장·단점에 대해 이야기를 나누어보았습니다. 그 결과 학생들은 성이 다르다는 이유로 여러 부분에서 차별받고 있다는 것을 느끼고 있었습니다.

<내가 만약 남자라면>

장점: 생리를 안 한다 / 힘이 세다 / 직업을 선택할 수 있는 폭이 넓어진다 / 임신을 안 한다 / 성폭행당할 확률이 적다 / 남자번호는 1번부터 시작된다 / 직장에서 승진을 많이 한다

단점: 군대에 간다 / 간호사나 화장품 알바를 할 때 편견을 받는다 / 화장을 하거나 목소리 톤이 높으면 게이 같다는 소리를 듣는다 / 할머니

할아버지께서 좋아하신다 / 여자를 보호해야 한다 / 발기를 한다 / 여중, 여고, 여대에 안 갈 수 있다 / 키 작으면 무시당한다 / 폭행을 당할 일이 더 많다 / 포경수술을 한다 / 대부분 화장을 하지 않는다 / 치마를 입지 않는다

<내가 만약 여자라면>

장점: 군대를 가지 않아도 된다 / 힘 쓰는 일을 하지 않아도 된다 / 아기를 낳는다 / 브랜드가 많아서 쇼핑하기 쉽다 / 여자 전용 시설이 많다 / 생리휴가를 받을 수 있다 / 대·소변을 한 번에 할 수 있어 편리하다 / 옷이 다양해서 골라 살 수 있다

단점: 생리를 한다 / 임신을 해야 한다 / 화장을 해야 한다 / 생리대나 화장품 등 돈이 많이 든다 / 여자번호는 51번부터 시작된다 / 남자보다 유방암에 걸릴 확률이 높다 / 다리 벌리면 혼난다 / 여자는 조신해야 한다는 고정 관념이 있다 / 브래지어를 해야 해서 불편하다 / 교복이 꽉 끼고 재킷이 짧아서 활동하기 불편하다 / 성폭행을 당할 위험이 많다 / 생리통이 있다/ 차별 받는다 / 유방암이나 자궁암에 걸릴 수 있다 / 할머니 할아버지가 무슨 일을 하든 뭐라 하신다

대한민국 헌법 제11조에는 '모든 국민은 법 앞에 평등하다. 누구든지 성별·종교 또는 사회적 신분에 의하여 정치적·경제적·

사회적·문화적 생활의 모든 영역에 있어서 차별을 받지 아니한다.'라고 명시되어 있습니다. 이처럼 성별이 다르다는 이유로 차별받지 않고 자신의 능력에 따라 동등한 기회와 권리를 누릴 수 있다는 것을 헌법이 보장하고 있으며, 이것이 바로 양성 평등의 올바른 의미입니다.

성 역할은 한 개인의 성별에 따른 행동, 성격, 감정, 태도 등에서 남성과 여성이 다른 특징을 지닐 것이라는 사회적 기대치를 말하며, 개인이 속한 사회집단이나 시대에 따라 달라질 수 있습니다. 성 역할은 태어나면서부터 정해지는 것이 아니라, 자라는 동안 경험하는 부모의 양육방식이나 사회문화적 환경, 종교 등의 영향으로 익히게 됩니다.

한편 성 역할에 대한 고정관념은 성별에 따라 적절한 신체적, 심리적 또는 사회적 특성이 뚜렷하게 구분된다는 생각이 진실인 것으로 잘못 판단하여 남자는 이러하고 여자는 저러하다고 획일적으로 규정해버리는 사고방식이나 신념을 말합니다. 성 역할에 대한 고정관념과 편견은 성 차별로 이어져 사회 문제로 확대되기도 하며, 결국 남녀 모두의 피해로 이어집니다. 성 차이는 인정하되 그 차이가 성 차별로 이어지지 않도록 남녀 모두가 상대방을 이해하고 존중하는 양성 평등 사회를 만들기 위해 노력해야 합니다. 그러기 위해서는 성 역할에 대한 고정관념에서 벗어날 수 있는 인식의 전환이 필요합니다.

성 역할에 대한 고정관념은 그 시대의 사회·문화적 배경, 전통적인 관습, 부모의 양육 태도 및 교육 수준, 그 시대가 요구하는 성별에 따른 기대치 등에 따라 만들어진다고 합니다. 사회화 과정을 통해 학습되는 성별에 따른 편견과 성 역할 고정관념은 남녀의 '차이'를 '차별'로 합리화시켜 성적 불평등 사회를 만들고 성차별을 정당화하기도 하는 데까지 이르게 됩니다. 그러므로 고정된 성 역할보다는 남성과 여성의 특징을 동시에 가지고 있는 능력을 높여주는 것이 자존감도 높이고 창의적인 인간으로 성장할 수 있는 원동력이 될 수 있습니다. 이제는 전통적인 성 역할이라는 고정관념에서 벗어나 자신의 개성에 맞는 진로를 선택하고, 자신의 능력과 역할에 대해 유연하게 사고할 수 있도록 청소년을 지도하려는 자세가 필요합니다.

——— 성 역할을 재설정하라

현대 사회는 과학 기술의 발달과 다양한 직업의 등장으로 여성의 사회 진출이 활발해지면서 남자는 사회생활, 여자는 집안일을 해야 한다는 전통적인 성 역할의 구분이 점차 사라지고 있습니다. 이제는 직장이나 가정에서 남자, 여자의 일을 구분하기보다는 함께 협력하여 조화를 이루려는 노력을 하고 있습니다.

성 역할의 고정관념과 편견 버리기

전통적인 성 역할에서 벗어나 양성 평등을 실천하는 일은 남녀 모두가 서로를 존중하며 조화를 이루는 행복한 사회를 실현하는 지름길이라고 할 수 있습니다.

다가오는 미래 사회는 '남자의 직업, 여자의 직업'에 대한 고정관념이 더 희미해질 것이라 예상됩니다. 영국에서는 기술 전문 분야 직업에 여성 고용 비율이 남성에 비해 낮은 것을 변화시키기 위해 다양한 프로그램을 진행하고 있습니다. 과학이나 공학 분야는 남자의 영역이라는 고정관념 때문에 여성들의 고용 비율이 낮은 것을 개선하려는 목적입니다. 그중 하나인 'RAF-WISE 직업 체험'이라는 프로그램은 영국 공군에서 주도하는 것으로

10~24세 여학생이 대상입니다. 이 프로그램에 참여한 여학생들은 일주일 동안 공군 부대에서 항공과 통신 분야의 기술 교육을 받고 체육과 개인 역량 교육을 받습니다. 이 프로그램에 참여한 클레어라는 15세 여학생은 엔지니어가 되는 꿈을 가지게 되었다고 합니다.

독일에서도 직업의 성 역할 고정관념을 깨기 위해 5학년부터 10학년까지의 학생들을 대상으로 '걸스데이, 보이스데이'라는 체험 프로그램을 실시하고 있습니다. 남자의 직업처럼 여겨졌던 기술, 자연과학, IT 등의 분야는 여학생이, 여자의 일이라 여겨졌던 간호사, 유치원, 장애인 시설 돌봄 관련 직업 분야는 남학생이 참여해 직업 체험을 실시합니다. 이 프로그램에 참가한 학생들은 클레어처럼 프로그램에서 체험한 직업 실습을 하거나 직업 교육을 받고 싶다고 응답하였습니다.

저는 간호 대학원 학생들을 몇 년째 지도하고 있는데, 간혹 남자 간호 대학원생을 만난 적이 있습니다. 남자 간호사들의 사회 진출이 늘고 있다는 것은 알고 있었지만, 신생아 집중치료실에서 근무하는 남자 선생님을 만나는 기분은 신선했습니다. 같이 실습하는 여자 선생님 못지않은 섬세함에도 놀라웠습니다.

제가 진행하는 30~40대를 대상으로 하는 교육 프로그램 구성원 중 한 부부는 아빠가 육아 휴직을 하고 아기를 1년 동안 양육하고 복직하는 사례도 보았습니다. 여성들의 전유물로만 보였던 간호사 분야에도 요즘에는 남성들이 점점 늘어나고 있습니다. 간호사 일을 하는 아빠가 육아 휴직을 하고, 엄마 못지않게 아기 돌보는 일을 해내는 모습을 보면서 현대 사회가 지향하는 양성 평등의 모습이 아닐까 하는 생각이 들었습니다.

가까운 미래의 일자리 전망입니다. 아래의 일자리를 살펴보고 양성 평등의 관점에서 청소년의 꿈과 연결하여 이야기를 나누어봅시다.

- 1차 파괴 : 많이 사라짐
- 2차 파괴 : 새로운 변화를 맞게 됨
- 1차 증가 : 더 늘어나고 발전함
- 2차 증가 : AI 침범 불가로 더 발전

음란물과 성 상품화가
주는 부작용

"저는 중학교 1학년 여학생입니다. 저는 초등학교 3학년 때
부터 음란물에 빠져 살았어요. 3학년 때 엄마는 회사에 가시
고 심심해서 인터넷을 하는데, 이상한 영상이 보였어요. 그때
부터 보면 안 되는데 하면서도 자꾸 보게 되는 거예요. '엄마가
오시면 어떡하지' 하면서도 자꾸 보게 되었어요. 그러다가 5학
년이 되니 다른 많은 아이들도 보고 있다는 걸 알게 되었어요.
문제는 음란물을 보니 눈앞에 보았던 영상이 아른거려요. 이
상한 생각을 하게 되고 영상처럼 해보고 싶은 마음이 생겨요.
어떡하면 좋을까요? 이제는 그만 보고 싶은데 손이 저절로 가
는 걸 어떻게 하면 좋을까요? 선생님, 제발 도와주세요."

여성가족부의 《청소년 매체 이용 실태조사》 결과, 위 학생의 사

례처럼 청소년 4명 중 1명은 한 달에 한 번 이상 음란물을 시청하는 것으로 나타났으며, 스마트폰을 이용해 음란물을 본 청소년은 최근 2년간 두 배 이상 증가한 것으로 조사되었습니다.

음란물이란 인간의 성적 행위를 노골적으로 묘사하여 음탕하고 난잡한 느낌을 주는 사진이나 잡지, 영상물 따위를 통틀어 이르는 말입니다. 정보화 사회가 발전하면서 청소년들은 언제 어디서든 인터넷에 접근할 수 있는 환경에서 살고 있습니다. 그런데 인터넷이라는 편리한 통로를 이용해 청소년들의 스마트폰에까지 홍수처럼 음란물이 밀려들어오는 지경에 이르고 말았습니다. 정말 안타까운 일입니다. 음란물은 본인이 원하지 않더라도 스팸 메일이나 광고 배너, 혹은 친구들이 보내는 메신저 메시지를 통해서도 너무나 쉽게 접할 수 있게 되었습니다. 음란물의 범람은 사춘기 청소년들이 성에 대한 왜곡된 가치관을 갖게 하거나 청소년 성범죄의 원인이 되기도 하는 부작용을 낳았습니다.

—— 음란물이 청소년들에게 미치는 영향은?

음란물은 강한 성적 자극을 주기 위해 만들어진 것이기 때문에 실제 성관계의 상황이나 모습과는 거리가 먼 경우가 많습니다. 성관계는 사랑을 확인하는 행위임에도 음란물에서는 인격이나 애정, 배려 등이 전혀 드러나지 않으며, 많은 음란물에서 가학적이거나 폭력적인 성행위가 정상적인 것으로 잘못 묘사되고 있습니다. 또한 음란물에서 나타나는 성행위는 아무하고나 즐길 수 있는 놀이처럼 왜곡되어 표현되며, 그로 인해 발생할 수 있는 임신 같은 다양한 현실적인 문제들은 전혀 고려되지 않습니다. 음란물은 남성과 여성의 감정이나 성 역할에 대한 가치관, 환상 등을 왜곡시킨다는 문제점이 있기 때문에 성에 대해 올바른 교육을 받아야 할 청소년들에게는 더 큰 악영향을 미치게 됩니다. 처음에는 현실과 다르다고 알고 있더라도 지속적으로 음란물을 보다 보면 왜곡된 성 가치관을 형성할 가능성이 높습니다.

최근 청소년들에게는 '섹스팅'이 문제가 되고 있습니다. 섹스팅이란 '성(Sex)'과 '문자 메시지 보내기(Texting)'의 합성어로 야한 사진이나 동영상, 성적 충동을 부추기는 내용을 휴대폰 메시지로 주고받는 것을 말합니다. 미국의 한 연구에 따르면 섹스팅 경험이 있는 청소년은 경험이 없는 청소년에 비해 성 경험을 할 가능성이 7배나 많은 것으로 나타났으며, 성폭행이나 아동·청소년 성매매로 이어질 수 있다고 합니다.

성에 대한 관심이 특히 높아지는 청소년 시기에 호기심이나 관심을 끌기 위한 목적으로 음란한 글이나 사진 등을 SNS에 게시하는 경우가 많아졌습니다. 하지만 이런 글이나 사진 등은 회수가 어렵고 나쁜 목적으로 사용되는 일도 있기 때문에 누구나 피해를 입을 수 있습니다. 그러므로 인터넷이나 SNS로 사진이나 개인 정보를 공유할 때는 신중을 기해야 합니다.

——— 성 상품화의 부정적인 영향과 문제점은 무엇일까요?

성 상품화란 사람의 성 또는 성과 관련된 것을 판매하거나 특정 제품에 성적인 이미지를 부각하여 그 제품의 판매를 촉진하는 광고 등을 말합니다. 성적인 면이 선정적으로 부각된 광고나 춤, 게임 캐릭터 등을 보면 민망하거나 불쾌한 기분을 느낄 수 있으며, 존중받아야 할 대상이 존중받지 못하고 있다는 생각이 듭니다. 쉽게 접할 수 있는 광고 매체에서 여성이나 남성의 신체를 부각시키거나 성행위를 연상시키는 동작으로 자극적으로 연출하는 것은 분명한 성 상품화로 누군가의 인격을 무시하고 성의 가치를 격하시키는 행위입니다. 그러므로 이러한 성 상품화에 단호히 비판적인 자세를 취하는 것이 중요합니다.

성의 상품화는 음란물에 비해 성을 다루는 강도가 약하기 때문에 문제의식을 쉽게 느끼지 못할 수도 있습니다. 그러나 우리가 의식적으로 느끼지 못하기 때문에 왜곡된 가치관이 더 자연스럽게 스며들 수 있습니다. 표현의 자유라는 허울로 성 상품화를 문제의식 없이 받아들이다보면 사람들은 존중받아야 할 인격과 가치를 쉽게 상업화하거나 수단으로 여기는 데 익숙해질 수 있습니다. 자극은 그 속성상 갈수록 더 강한 것을 요구하기 때문에 이윤만을 추구하는 기업에서는 이전보다 더 세고 강렬한 내용으로 사람들의 이목을 끌려고 할 것입니다. 이는 결국 성의 가치와 남성과 여성의 인격적 가치 훼손으로 이어질 수 있습니다. 특히 사람들의 눈길을 끌기 위해 자극적인 노출을 강조하다 보면 사람 자체를 성적인 상품으로 생각하게 만들고, 급기야 외모만을 중요하게 생각하도록 합니다. 음란물과 성 상품화에 자주 노출된 청소년들은 성 관념이 무감각해져 성희롱이나 성폭력, 성매매 등 타락에 빠지는 결과로 이어질 수 있습니다.

사춘기 청소년들이 음란물에서 벗어나는 방법은 무엇일까요? 일단 음란물보다 가치 있고 재미있는 일을 할 수 있도록 주변의 도움이 필요합니다. 그리고 운동을 규칙적으로 꾸준히 할 수 있도록 돕는 것도 좋습니다. 무엇보다 중요한 것은 부모나 선생님 같은 주변 어른들이 청소년에게 관심을 갖고 애정을 쏟는 것입니다.

음란물 중독 점검하기

다음은 음란물 중독을 점검하는 항목입니다. 혹시 음란물에 중독된 것은 아닌지 점검해봅시다.

	문제	O	✖
1	음란물을 보지 않으면 마음이 허전하다.		
2	많은 양의 음란물을 컴퓨터에 저장하고 있다.		
3	음란물 때문에 자위행위가 늘었다.		
4	음란물을 본 후 집중력이 감소했다.		
5	음란물에서 본 장면이 가끔 떠오른다.		
6	음란물을 본 후 피곤을 느낄 때가 많다.		
7	음란물을 보기 위한 지출이 늘고 있다.		
8	음란물 때문에 일상생활에 지장을 받고 있다.		
9	음란물에 나온 장면을 따라하고 싶은 생각이 든다.		
10	음란물을 본 후 이성이 성적 대상으로 보인다.		

위의 항목 중 두 가지 이상 해당되면 전문가와의 상담이 필요함

스마트 쉼 센터 http://www.iapc.or.kr를 방문하여 인터넷 중독, 인터넷 중독 진단, 온라인 게임 중독 진단, 스마트폰 중독 진단, 인터넷 이용습관 진단을 실시해봅시다.

출처: 한국컴퓨터생활연구소 www.computerlife.org

3장 십 대들의 성교육, 어떻게 할까?

사춘기 청소년의
생리 발달에 따른 건강관리법

청소년기 생리 변화는 청소년의 성 심리, 심리 사회적, 인지 발달에 영향을 줍니다. 또한 자신의 신체상과 자존감 및 그들의 사회적 세계에서 가족, 또래, 타인과의 관계에 영향을 줍니다. 생리적인 변화에 설명에 앞서 '사춘기'와 '청소년기' 용어를 알아보겠습니다. '사춘기'는 신체 발달에서 2차 성징이 나타나기 시작하여 생식기가 성숙하며, 처음으로 생식이 가능해지고, 사춘기 급성장이 발생할 때 보이는 신체적 발달 상태인데 남아는 12~16세, 여아는 10~14세 정도입니다. 체모가 증가하고 여아는 유방이 발달하며, 골반이 넓어지고, 체지방 분포율에 변화가 생깁니다. 감정적 심리 사회적으로도 아동기에서 성인기로 바뀌어 갑니다. '청소년기'는 사춘기와 함께 시작되며 신체적 생리적으로 성숙되고 성인으로서의 책임을 다할 수 있게 되었을 때 끝납니다.

단계	남아	여아	공통
초기 (11~ 14세)	· 고환, 음낭, 음경 성장 · 풍성하고 곱슬곱슬한 음모 · 가늘게 나는 얼굴 털 · 겨드랑이 털 · 여성형 유방	· 유방발달 시작됨 · 초경 · 배란 · 두껍고 곱슬곱슬하며 삼각형 분포 모양의 음모 · 남아보다 무거움	· 식욕 증가 · 미성숙한 심장혈관 펌프작용 · 근육 부피 증가 · 호리호리 함, 어색함 · 미세 운동 협동력이 증가됨 · 영구치 출현
중기 (15~ 17세)	· 성인의 생식기 · 성숙한 정자 생성 · 안면/신체에 털이 남 · 여자보다 근육량이 많아지고 힘이 세짐 · 식욕 증가 · 여성형 유방 감소 · 목소리 변화	· 골격 성장이 멈춤 · 성적 성숙 · 체지방 비율 감소 · 식욕 감퇴 · 6~10.4cm / 년 신장 증가	· 미세운동 협응 작용 증가 · 지구력 증가 · 땀샘 기능 · 심장혈관계 수용적 증가 · 여드름
후기 (18~ 21세)	· 골격계 성장이 멈춤		· 심장혈관 / 호흡 / 위장 / 조혈 · 성적 성숙 도달 · 안정적인 식욕 · 운동 활동 증가 · 지구력 증가 · 치아 발육 완성

출처: 《아동청소년 간호학 I 》(2016), 김희순 외, 수문사

사춘기가 시작되는 연령과 지속기간은 개인적, 문화적 차이에 따라 다르게 나타납니다. 사춘기 전에 성장을 조절하는 주된 호르몬은 'soma-totropin'이며 성장호르몬이라고도 합니다. 그러나 사춘기 동안에는 성호르몬(gonadal hormone)이 신체의 다양한 부분에서 생리적 변화를 조절합니다.

① 생리 발달에 따른 건강관리가 중요합니다

땀을 많이 흘리는 청소년기에는 몸을 항상 깨끗하게 하는 것이 중요합니다. 특히 생식기에서 분비되는 소변, 질 분비물, 월경 혈, 정액 등은 몸 밖으로 나오면 세균 번식이 잘 되는 환경이 되며, 이는 다시 질, 요도를 통해 신체 내부로 들어갈 수 있습니다. 그래서 생식기 주변을 청결하게 하는 것이 중요합니다.

여성은 대변을 본 후 휴지는 항상 질 쪽에서 항문 쪽으로 닦아야 합니다. 생식기는 비누를 쓰지 않고, 따뜻한 물로 질 쪽에서 항문 쪽으로 씻어야 합니다. 월경 중에는 생리대를 자주 교환하고, 탕 목욕을 피하고 샤워를 권장합니다. 생리 현상은 여성호르몬인 에스트로겐과 프로게스테론의 영향으로 약 28~32일을 주기로 배란과 생리를 반복합니다. 생리통은 자궁 근육의 강한 수축 때문에 하복부나 허리에 통증을 느끼는 것으로, 개인에 따라 편차가 있고 메스꺼움, 구토, 설사를 동반하기도 합니다. 청소년은 극심한 생리통을 호소하며 고통스러워하기도 합니다. 생리통을 줄이려면 아랫배를 따뜻하게 유지하여 혈액 순환을 도와야 합니다. 카페인이나 염분을 줄이는 것도 좋습니다. 통증이 심하면 통증 발생 전에 진통제를 복용합니다. 그리고 가벼운 운동, 스트레칭, 산책 등을 합니다.

② 단계별 브래지어 착용방법

1단계: 멍울이 시작될 때 착용합니다.

2단계: 가슴이 솟아오르기 시작할 때 착용합니다.

3단계: 가슴 밑 둘레와 유두 부분 가슴둘레 차이가 7.5cm 이상이 되면 라운드형 브래지어를 착용합니다.

4단계: 가슴이 다 컸다고 생각되면 주니어용이 아닌, 가운데 와이어가 부드러운 성인용 브래지어를 착용합니다.

출처: 「5학년 보건 지도서」 이정열 외, 교학사

그 외 남성은 꽉 끼는 옷을 피하고, 통풍이 잘되도록 하여 고환을 시원하게 하는 것이 좋습니다. 운동이나 장난 등으로 생식기를 다치지 않도록 하고, 포피를 잡아당겨 귀두 아랫부분까지 흐르는 물로 씻어서 청결을 유지합니다.

변성기는 테스토스테론이라는 남성호르몬의 영향으로 성대가 두껍고 길어지면서 나타나는 현상입니다. 보통 12~13세부터 시작되는데 남성은 목젖이 생기고 목소리도 1옥타브 정도 저음으로 내려가고, 여성도 소량의 테스토스테론이 분비되어 성대가 발달하지만, 남성보다 작고 일정한 방향으로 자라기 때문에 3음 정도 저음으로 변화합니다. 약 3개월~1년간의 변성기가 끝나면 성대 모양이 고정됩니다. 변성기 때 성대를 잘 관리하려면 탄산음료를 피하고, 음주나 흡연은 삼가야 합니다. 또한 성대가 촉촉한 상태를 유지할 수 있도록 물을 자주 마시는 것이 좋습니다.

3장 십 대들의 성교육, 어떻게 할까?

4장
—
청소년기에
주의해야 할 성 문제

사춘기 청소년의
중독 사례

"저는 중학교 2학년 남학생입니다. 초등학교 4학년 때부터 자위를 시작했습니다. 처음에는 한두 번 하다가 말았는데 하다 보니 습관이 되어서 자주하게 되었어요. 운동을 하거나 친구랑 놀 때는 생각이 나지 않아요. 그런데 요즘은 수업 시간에도 자위하고 싶은 생각이 들어요. 한번은 몰래 숨어서 하다가 친구들이 보고 선생님께 말씀드려서 불려가 상담을 받았어요. 부끄럽고 창피해요. 이제 그만두고 싶은데 어떻게 하면 좋을까요?"

위 학생의 사례처럼 사춘기 청소년 중에 음란물 시청이나 자위에 중독되는 사례가 매우 많습니다. 심리학적 의미에서 중독(addiction)은 어떤 행위나 대상에 빠져들어 반복하는 것으로 그로

4장 청소년기에 주의해야 할 성문제

인해 신체적, 정신적 피해가 증가하는 것을 포함하고 있습니다. 그렇기 때문에 일단 스스로 중독된 상태라는 것을 발견하는 것이 그것으로부터 벗어나는 데 매우 중요합니다. 특별한 계기 없이 중독 환경에서 벗어나기 어렵기 때문이지요.

성 중독은 왜 빠지는 걸까요? 성 중독증의 원인은 환경으로 인한 경우가 많다고 합니다. 예를 들어 지나치게 보수적인 가정에서 자랐거나, 반대로 지나치게 개방적으로 자란 경우도 이에 해당됩니다. 가까운 친인척이나 연인에게 버림을 받았거나, 누군가로부터의 강한 정신적인 트라우마를 갖게 된 경우도 마찬가지입니다. 과거의 결핍으로 인한 독립적 감정을 지속적인 행위와 성적 환상으로 해소하려는 접근이 성 중독증의 발단이라고 할 수 있습니다.

성 중독증의 대표적인 사례로 미국의 전 대통령이었던 빌 클린턴(Bill Clinton)과 백악관 여직원이었던 모니카 르윈스키의 무분별한 성행위를 꼽을 수 있습니다. 클린턴의 아버지는 의붓아버지였으며 알콜중독자였고, 어머니는 도박중독자였다고 합니다. 클린턴의 이복형제 역시 코카인 중독이었던 적이 있습니다. 그의 사례를 살펴보면 가정환경 때문에 두 형제가 성인이 되어서 각각의 형태로 정신적 질환을 갖게 된 것이라 추측할 수 있습니다. 클린턴은 성추문 스캔들을 계기로 꾸준히 치료를 받았다고 합니다.

힐러리 클린턴은 그의 성 중독이 불행한 가정사에서 발생한 문제라는 것을 알고 용서했다는 이야기가 있습니다.

사춘기 청소년기에 가장 흔한 것이 바로 자위 중독 문제입니다. 자위 중독은 일상생활이나 대인관계에 지장이 생길 정도로 자위행위에 지나치게 집착하거나 스스로 조절하기 어려울 정도로 과도하게 충동적인 자위를 하는 것을 의미합니다. 성적인 욕구를 해결하기 위해 때로 자위를 하는 것은 자연스러운 행동이라 할 수 있습니다. 자위를 자주 하더라도 다른 일상생활을 건강하게 영위하며 타인에게 혐오감 등 해악을 주지 않는다면 병으로 보기 어렵습니다. 하지만 공공장소에서 남들에게 자위하는 것을 보여주는 행위는 성도착증의 일종으로 볼 수 있습니다. 자위 중독이 되면 스스로 저항할 수 없는 충동이나 집착이 생기며 행위 후에도 자기비난이나 죄책감이 뒤따릅니다. 단순히 자위행위를 하는 횟수나 시간으로 중독을 진단할 수는 없습니다. 정상적인 자위행위를 하고 있음에도 과도한 수치심이 드는 경우 병적인 행동이 아니라는 확인과 죄책감을 덜 수 있는 상담과 정신과 치료가 필요합니다.

청소년기에 아이가 세상에서 결핍의 상황이나 트라우마를 경험 할 때, 건강한 욕구를 경험 할 수 있도록 돕는 것이 부모와 사회의 숙제라고 생각합니다.

자위행위에 대한 상식 OX 퀴즈

1. 자위를 할수록 머리카락이 빠진다.
2. 자위행위를 하면 키가 자라지 않는다.
3. 자위를 하거나 하지 않거나 모두 정상이다.
4. 남에게 피해를 주지 않고 성적 욕구를 푸는 방법이다.
5. 일상생활에서 무리가 된다면 횟수를 줄이는 것이 좋다.
6. 자위를 심하게 하면 정액이 줄거나 어른이 되어 아기를 가질 수 없다.

정답: 1. (X) 2. (X) 3. (O) 4. (O) 5. (O) 6. (X)

청소년들의
원치 않는 임신

학생 : 선생님, 우리 나이에 무슨 피임을 배워요?

교사 : 피임은 여러분이 성인이 된 후, 필요할 때 사용해야 하는 방법이죠. 그런데 요즘 우리 청소년들 중에 부모가 될 준비가 되지 않은 상태에서 성 관계를 갖는 경우가 많아서 피치 못할 경우, 원하지 않는 임신을 예방하기 위해 미리 배우는 거랍니다.

학생 : 그럼 피임을 하면 우리도 성 관계를 할 수 있겠네요?

교사 : 그렇게 생각할 수도 있겠지만, 피임은 실패할 수도 있어요. 특히 청소년 시기는 학업과 자신의 장래를 위해 준비하는 시기라는 것을 명심하고 책임감 있는 성행동을 하는 것이 중요하겠지요.

학생 : 선생님, 지난 주말에 TV에서 봤는데, 에이즈를 예방하

4장 청소년기에 주의해야 할 성문제

는 방법 중에 콘돔을 사용하는 것이 있던데... 콘돔을 사용하는 것도 피임 방법 아닌가요?

교사 : 맞아요! 콘돔은 피임 방법이기도 하지만 에이즈나 각종 성병을 예방해주기도 한답니다. 결혼한 부부도 아기를 언제 낳을지, 몇 명을 낳을지 계획하고 그것을 실천하기 위해서 피임을 한답니다.

학생 : 아기가 생기는 건 좋은 일 아닌가요?

교사 : 물론 아기가 생기는 건 기쁘고 좋은 일이죠. 하지만 결혼하지 않은 남녀가 임신이 돼서 곤란한 상황이 되거나, 결혼했지만 부모가 될 준비가 안 된 상태에서 임신을 하게 된다면 어떻게 될까요?

학생 : 부모님께 어떻게 말하지? 친구랑, 학교는... 고민이 많이 될 거 같아요. 아직 학생이라 아기 키울 능력이 없고....

교사 : 그래서 어떤 사람들은 불법적으로 인공임신중절 수술을 받기도 한답니다. 인공임신중절은 자궁 속의 태아를 긁어내는 수술로 흔히 '낙태'라고 부른답니다.

학생 : 선생님, 너무 잔인해요!

교사 : 맞아요. 낙태는 태아를 죽이는 잔인한 행위이기도 하고, 나이 어린 청소년이 낙태 수술을 받게 되면 자궁 내 염증이 생기거나 후유증으로 불임이 생기기도 한답니다. 결국 피임은

생명 존중 차원에서도 꼭 필요한 행동이라고 할 수 있죠. 21세기를 살아가는 우리에게 피임은 더 이상 선택이 아니라 필수랍니다. 특히 청소년들의 성행위가 증가되는 현실에서 피임은 원하지 않는 임신을 예방하고 여성과 남성 모두가 스스로 자신의 몸을 보호하기 위해 꼭 지켜야 할 행동이랍니다. 다들 피임이 왜 중요한지 알았죠?

학생 : 네~

위의 한 학생과 교사간의 대화는 대구광역시교육청에서 발간한 자료집《소중한 성 바로 알기》에 나오는 대표적인 상담사례이자 학교 현장에서도 흔히 오가는 대화 내용이기도 합니다.

《청소년 건강행태 온라인조사》(2015)'에 따르면 중학생들의 성관계 경험은 남학생의 경우 2013년부터 남학생이 5.0%, 여학생이 2.5%로 남녀 모두 큰 폭으로 상승했고, 2014년에는 남학생 4.2%, 여학생 2.3%였으며, 2015년 남학생 3.8%, 여학생 1.9%로 2013년 최고 정점을 보이다가 2014년과 2015년에 다소 떨어진 것으로 나타났다고 합니다. 청소년 시기의 첫 성 경험 시기는 평균 13.1세로 중학생 시기에 주로 시작되는 것으로 나타나고 있습니다. 특히 중학생들의 첫 성관계 연령은 2009년 11.3세에서 2015년 10.7세로 급격하게 낮아졌습니다. 또한 여중생들의 임신 경험율은 2008년 0.3%에서 2009년 0.4%로 올랐다가 2013년 0.2%로 감소되어 2015년까지 0.2%를 유지하고 있습니다. 이는 실제로 상당수의 청소년들이 실제로 성관계를 하고 있기 때문입니다.

10대 청소년들의 임신, 낙태, 미혼모 발생 비율이 최근 10년 사이에 급증하고 있는 이유는 무엇일까요? 청소년들의 연애에서 성관계가 어떻게 자연스러운 일부가 되었는지 진지하게 질문하고 고민해야 할 것 같습니다. 아마도 음란물을 쉽게 접할 수 있는 환경이 되면서 성을 쾌락과만 결부시켜 성관계라는 문턱을 큰 고민 없이 쉽게 넘는 분위기가 되었기 때문이 아닐까요.

특히 10대 여학생들은 성지식이 낮아 임신을 하고도 인식하지 못하는 경우가 있고, 임신을 했다는 사실을 알고도 도움을 청할 곳이 없어 혼자 해결하려고 하다 보니 사회적인 문제로 대두되는 일이 종종 생기고 있습니다. 성관계를 경험한 여학생의 10.5%는 임신을 한 적이 있으며, 10.1%의 남학생과 10.3%의 여학생이 성병에 걸린 적이 있는 것으로도 조사되었습니다. 이처럼 일부 사춘기 청소년들은 피임에 대해서도 잘 알지 못해 원치 않는 임신을 하거나 성 매개 감염질환에도 취약한 것으로 조사되고 있습니다.

청소년들이 인터넷이나 대중매체를 통해 왜곡된 성의식을 받아들인 결과 무분별한 성행동으로 이어지면서 10대 임신과 미혼

부모가 증가하고 있는 안타까운 현실입니다. 몸과 마음이 완전히 성숙하지 않았고, 경제적으로도 독립이 어려운 10대 청소년의 임신과 출산은 개인과 가족, 더 나아가 사회적 문제를 불러오게 됩니다. 이제는 사춘기 청소년들도 혹시 모를 위험으로부터 자신을 지키기 위해 피임의 원리와 방법에 대해 미리 교육할 필요가 있습니다.

── 원치 않는 임신의 문제점과 예방책

- 인공임신중절 즉, 낙태를 할 수 있다.
- 출산 시 미숙아 출산, 또는 산모의 건강 위협을 받을 수 있다.
- 학업 중단으로 교우관계에 어려움이 생길 수 있다.
- 부모 등 가족과의 갈등이 생긴다.
- 미혼모나 미혼부가 된다.
- 육아에 대한 경제적 부담으로 힘들 수 있다.
- 입양으로 인해 죄책감, 후회, 정신적 고통을 겪기도 한다.

청소년들에게 평소 성에 대한 올바른 지식과 정확한 정보를 받아들일 수 있는 충분한 성교육과 피임의 중요성 인식, 성에 대한 가치관 형성, 책임 있는 성행동을 할 수 있도록 지도해야 합니다.

- 참조: 위드맘 http://withmom.mogef.go.kr

피임은 성관계 시 원치 않는 임신을 막아줍니다. 피임에는 여러 가지 방법이 있으나 100% 완벽하게 임신을 막아주는 방법은 거의 없으므로 성 행위 전에 반드시 남녀가 함께 신중하게 생각하고 결정하는 것이 바람직합니다. 피임법에는 난자와 정자의 접촉을 방해하는 방법으로 월경주기법과 콘돔, 난관 결찰술, 정관 결찰술, 약물 피임법 등이 있습니다.

① 월경 주기법은 월경 주기에 따른 배란일을 계산하여 임신 가능 기간에 성관계를 피하는 방법입니다. 난자는 배란 후 1~2일 동안, 정자는 자궁 내에서 2~3일 정도 살 수 있으므로 배란일 전후 5~6일이 임신 가능 기간이 되며, 이 기간 동안 성관계를 피하는 것입니다. 피임 대상은 여성입니다. 이 피임법은 월경 주기가 규칙적인 경우에 효과적이나 불규칙한 경우 실패율이 높습니다.

② 콘돔은 정자가 여성의 질내로 들어가는 것을 막는 역할을 합니다. 사용 방법은 음경이 발기된 상태에서 끝 부분을 비틀어 공기를 뺀 후 끝까지 씌웁니다. 피임 대상은 남성입니다. 콘돔은 약국, 편의점, 지하철 자판기 등에서 구매할 수 있습니다. 피임뿐만 아니라 성 매개 질환도 예방해주는 효과가 있습니다.

③ 난관 결찰술은 불임 수술 방법의 하나로 난관(나팔관)을 절단

혹은 묶는 방법입니다. 피임 대상은 여성입니다. 산부인과에서
시술을 받아야 합니다.

④ 정관 결찰술은 정관을 절단 혹은 묶는 수술법입니다. 피임
대상은 남자이므로 비뇨기과에서 시술을 받아야 합니다.

⑤ 난자 생산을 방해하는 약물 피임법으로는 먹는 피임약과 붙
이는 피임약이 있습니다. 모두 여성을 피임 대상으로 하는 피임
법입니다. 먹는 피임약은 난자가 배란되지 않도록 하며 자궁 경
부의 점액을 끈끈하게 하여 정자가 자궁내로 이동하는 것을 방해
합니다. 월경이 시작되는 첫날 먹기 시작하고, 하루에 1알씩 매일
비슷한 시간에 먹어야 합니다. 약국에서 구입이 가능합니다. 붙
이는 피임약은 월경 시작일에 정해진 부위(등, 허벅지 등)에 부착하
는 것으로 매주 같은 요일에 교환하고 3주간 붙인 후 1주 쉽니다.
산부인과에서 처방받아야 합니다.

그럼 이걸로만 피임을 하면 안되나?

응급피임법은 응급상황에서 사용되어야 하며 일반적인 피임방법으로는 적합하지 않습니다.

4장 청소년기에 주의해야 할 성문제

⑥ 착상을 방해하는 피임 방법으로 자궁 내 장치가 있습니다. 자궁 내 정자의 활동을 방해하거나 수정란이 착상하는 것을 막아 줍니다. 여성이 피임 대상이므로 산부인과에서 시술을 받아야 합니다.

⑦ 응급 피임약은 피임하지 않은 상태에서 성관계 후 24~72시간 이내에 다량의 황체호르몬을 복용하거나 자궁 내 장치를 시술하여 수정란이 착상되는 것을 막는 방법입니다.

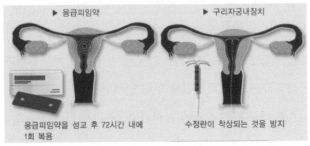

▶ 응급피임약 ▶ 구리자궁내장치

응급피임약을 성교 후 72시간 내에 1회 복용

수정란이 착상되는 것을 방지

응급 피임법

출처: 『중학교 보건』(2018), 김희순 외, 지구문화

1. 책임 있는 성관계란 무엇일까요?
2. 피임의 중요성에 대해 이야기해봅시다.

아동·청소년
성폭력 대처방법

"아침에 예쁜 그 모습은 간데없고 온몸이 피투성이인 채 오랜 시간 수술 후 이송되고 다음날 12시에서야 면회 할 수 있었습니다."

"아빠, 범인을 빨리 잡아야 해요. 친구들이 나처럼 다치면 안 돼요."

"그래, 약속할게. 라고 한 후 저는 미친 듯이 통곡하고 또 통곡하는 정신 나간 것 같은 사람이 되었습니다."

미성년자 성폭행범 조두순 사건의 피해 아이 아버지가 쓴 글입니다. 이 피해 아이는 가해자에게 친절을 베푼 자신이 비난받는 게 서글프고, 가해자가 다시 나타날까 봐 두렵다고 합니다. 그리고 자신으로 인해 부모님이 힘들어 하는 것이 속상하고, 학교로

돌아갔을 때 잘 적응할 수 있을지 걱정이 되고, 아버지가 가해자에게 직접 응징을 가할까 봐 겁도 난다고 말합니다. 이는 아동 성폭력으로 빚어진 비극이라 할 수 있습니다.

성폭력은 다른 사람의 성적인 인권을 침해하는 범죄 행위를 말합니다. 강간, 강제 추행, 성희롱 등과 같이 상대방의 동의 없이 성과 관련된 불쾌한 언어와 행동으로 상대방에게 성적인 수치심과 신체적, 정신적, 사회적 고통을 주는 폭력을 말하는 것입니다.

여성가족부가 2013년에 19~65세 이하 일반 국민을 표본으로 삼아 성폭력 피해유형에 대한 실태 조사를 벌인 결과 아동ㆍ청소년 대상 강력 성폭력 범죄 피해자의 경우 강제추행 피해자는 여성 91.6%, 남성 8.4%로 여성이 그 대부분을 차지했고, 피해자의 평균연령은 강제추행 13.3세, 강간 14.7세, 성매매 강요 15.0세, 성매매 알선 15.5세 등으로 나타났습니다.

성폭력이 미치는 신체적 문제로는 외상, 임신, 유산, 에이즈를 포함한 생식기 질병, 두통, 요통, 복통, 만성전신통증, 소화기계 질환, 거동 제한, 전반적인 건강 약화 등이 있으며, 극단적인 경우 자해나 자살 등의 결과로 이어지기도 합니다. 한편 성폭력 피해자는 일상생활의 변화로 타인에 대한 혐오와 불신, 신변 안전에 대한 두려움이 생기고, 혼자 외출을 못할 정도로 고립되며, 학교를 그만두거나 이사를 가기도 하고, 가족, 친구 등과의 친밀한 관계가 악화되는 등의 악영향을 끼치고 있습니다. 또한 정신적 고통으로 가해자에 대한 분노 및 적대감, 피해 반복에 대한 두려움, 무력감과 자아상실, 불안과 우울, 외상 후 스트레스 장애, 불면, 식이장애, 감정 장애, 대인기피 장애가 발생할 수 있습니다.

정신분석전문의이자 작가인 김혜남은 『당신과 나 사이의 거리』라는 책에서 "모든 인간관계에는 적당한 거리가 필요하다."고 말하고 있습니다. 나와 관계된 가족이나 친구 사이에도 적당한 거리가 필요하듯이, 성과 관련해서도 마찬가지로 일정한 거리두기가 필요할 것입니다. 최근 사회적으로 이슈가 되고 있는 미투(ME TOO) 운동의 핵심은 '성' 문제를 넘어서 '약자에 대한 강자의 일방적인 공격'이라는 데서 출발합니다. 힘 있는 자가 약자에게 사적인 부탁을 강요해도 된다고 생각하는 것이 가장 큰 문제입니다. 아무리 가까운 사이라도 상대방과 나 사이에는 적절한 '존중'

의 거리를 두는 것이 필요하지 않을까 싶습니다.

━━ 성폭력 발생 시 대처법

먼저 부모님 또는 선생님께 알리도록 지도해야 합니다. 성폭력 피해를 당한 사춘기 청소년에게 해주어야 할 말은 무엇일까요? 무엇보다 "네 잘못이 아니다. 가해자의 잘못이다. 몸에 상처가 나면 치료하듯이 치료받아야 한다."와 같은 이야기를 해주어야 합니다. 피해자를 비난하거나 보호자의 관리 부주의를 한탄한다면 피해자는 심리적으로 더 크게 위축될 수 있습니다. 성폭력 피해 즉시 112, 1366 등 관계기관에 신고하는 것도 중요합니다. 물론 피해 아동은 부모님이나 교사에게 이야기하는 것도 힘들어 할지 모릅니다. 신고 후 전문기관을 방문하여 성폭력에 대한 증거자료를 확보하고 성폭력 사안에 따라 고소 여부 등 처리 절차를 밟아야 합니다. 성폭력 피해자는 이후에도 계속적인 심리 상담을 받도록 해야 합니다. 피해자뿐 아니라 피해자의 보호자도 함께 심리 상담을 받는 것이 좋습니다. 성폭력 지원 전문기관인 여성 긴급 전화(1366), 해바라기 아동센터(1899-3075) 등에 전화하면 언제든지 상담을 통해 도움을 받을 수 있습니다.

주위에 성폭행당한 친구가 생긴다면 내가 도울 수 있는 일은 무엇이 있을까요?

위험한
청소년 성매매

비윤리적인 문제가 있음에도 불구하고 청소년 성매매 문제는 지속되고 있습니다. 청소년 성매매는 1980년대 일본에서 유행하던 '원조교제'라는 개념이 1997년 우리나라에 처음으로 소개된 이후 큰 충격을 주면서 본격적인 사회 문제로 대두되기 시작했습니다. 성매매는 금품이나 그 밖의 재산상의 이익을 대가로 성교 행위 또는 유사 성교 행위를 하거나 그 대상이 되는 것을 말합니다. 특히 청소년의 몸과 성을 얻기 위해 돈뿐만 아니라 음식, 잠자리, 재화 등을 제공하는 행위도 성매매에 해당됩니다. 성매매 피해자는 강요당한 사람, 약물에 중독되어 하는 사람, 청소년이나 사물 변별·의사결정 능력이 미약한 사람 등 성매매를 하도록 유인되거나 인신매매를 당한 사람 등이 모두 해당됩니다.

성은 단순히 소유하고 있는 물건을 사고파는 것이 아니기 때문에 당사자의 인격을 존중받기 어렵다는 데에 성매매의 문제점이 있습니다. 성매매 과정에서 폭력적인 요구가 포함되기도 하고, 실제로 폭력 행위를 당하더라도 주변의 시선이 두렵거나 폭력적인 상황에 놓여 있는 탓에 신고가 어렵기 때문에 더욱 악순환의 굴레에 빠지기 쉽습니다. 성매매는 이처럼 인권이 침해되거나 신체적·정신적 폭력에 휘말릴 위험이 큼에도 불구하고, 성매매 업주나 전단지에서 문제를 가볍게 보이도록 꾸민 문구에 속아 성을 거래할 수 있는 재산으로 생각하는 청소년이 생기기도 합니다.

아동·청소년 대상 성매매는 강요·알선 범죄의 특성을 띠며, 강요에 의한 경우는 온라인 사이트 28.6%, 숙박업소 21.8%, SNS를 포함한 메신저 10.9%, 나머지 기타 알선에 의한 방법으로 단란주점 37.5%, 숙박업소 18.8%, 온라인 사이트 11.5%에서 이루어진다고 합니다.

성매매 여성의 70%가 10대 청소년기에 성매매를 시작했다고 합니다. 이는 성매매가 청소년 가출과 밀접한 관련성이 있음을 입증하는 것으로 가출 후 생계문제를 해결하기 위해 유혹에 빠지게 되고, 한 번 들어가면 빠져나오기 힘든 성 산업구조의 특성상 지속적으로 성매매 산업에 노출된다고 설명할 수 있습니다.

사람들이 성매매를 하는 이유는 잘못된 성 의식과 성 문화로부터 비롯된 것이라고 볼 수 있습니다. 단순한 흥밋거리를 위해 비

정상적인 성적 환상을 담은 음란물을 반복적으로 접하다 보면 성에 대한 관념도 점차 가벼운 흥미꺼리 정도로 바뀔 수 있습니다. 사랑은 정신·신체적 연령에 맞는 건전한 관계가 이루어져야 아름답게 형성되는 것입니다. 하지만 음란물이나 성을 상품화한 매체는 사랑의 정신적인 부분을 다루지 않기 때문에 보는 사람으로 하여금 인간의 성을 사물화·대상화하는 관점을 가지게 합니다. 이 때문에 잘못된 성 문화에 물든 사람은 상대를 나와 동등한 인간이 아닌 자신의 마음대로 할 수 있는 존재로 인식하고, 물리적 힘이 더 세거나 높은 사회적 지위에 있을 때 성희롱이나 강력 성범죄를 일으키게 되는 것입니다.

——— 청소년 성매매 예방법

- 자신의 섹슈얼리티가 부정적으로 형성되지 않도록 음란물이나 성 상품화가 만연된 온·오프라인 집단에 속하지 않도록 노력해야 합니다.

- 숙식을 제공하거나 시급 등의 조건이 유난히 좋은 아르바이트, 연예 지망생 모집 등 청소년이 일반적으로 많이 하는 아르바이트가 아닌 경우는 하지 않도록 합니다.

- 유난히 조건이 좋은 경우는 의심하고 하지 않도록 지도합니다. 확인되지 않은 아르바이트나 캐스팅 업체는 믿을만한

어른과 의논하도록 지도합니다.

- 휴대폰 어플이나 온라인 상에서 직접 보고 싶다며 만남을 제안 받았을 때, 영상통화, 사진 전송, 만남 등에 절대로 응하지 않도록 합니다.

- 낯선 사람과 채팅을 가급적 하지 않도록 합니다. 특히 원조교제를 시도하기만 해도 처벌이 가능하므로 화면을 캡처해서 신고하도록 합니다.

- 학교 주변에서 성매매 전단지를 봤을 때, 성매매를 암시하는 전단지는 청소년 유해 매체물로 2년 이하의 징역이나 1천만 원 이하의 벌금에 처해지는 불법이므로 신고하도록 합니다.

- 게임이나 휴대폰 어플에 유해 정보가 뜨는 경우에는 제공업체에 항의 또는 신고하도록 합니다.

- 고민, 폭력, 가출, 학대 등 성적으로 위험한 환경에 놓이게 될 경우에는 청소년 전화 1388로 전화하면 일시 보호, 자립자활 교육, 진로, 취업·의료 지원을 받을 수 있습니다.

청소년과 함께 해보기

청소년 성매매와 관련하여 도움을 받을 수 있는 기관과 도움 받을 수 있는 내용에 대해 알아봅시다.

구분	내용
청소년 전화 1388	· 일반상담에서부터 가출, 성폭력, 성매매, 학교 폭력 등의 위기 긴급 상담 제공 · 위기 긴급 상담의 경우 필요에 따라 청소년을 직접 찾아가는 긴급 구조
여성·학교폭력 피해자 원스톱 지원센터 117	· 학교폭력, 가정폭력, 성폭력, 성매매에 관련한 상담과 신고접수 · 전화하면 경찰청으로 바로 연결
여성 긴급 전화 1366	· 가정폭력, 성폭력, 성매매에 관련한 안내와 상담

성 매개 감염병의
사례와 예방법

[사례 1] 고1 남학생이 병원을 찾아왔다. 항문 주위에 궤양이 생겨서 통증을 호소했다. 어머니를 밖으로 나가시게 하고 여자 친구가 있는지 물었더니 있다고 대답했다. 그래서 여자 친구도 함께 와서 치료를 받아야 한다고 말했다. 이후 그 학생은 여자 친구와 함께 치료를 받고 있다.

[사례 2] 15세인 A양은 B 고교에 재학 중이던 2018년 5월 산부인과 진료에서 에이즈(후천성면역결핍증) 양성 판정을 받자 부모와 함께 학교를 방문해 자퇴 신청을 했다. A양은 성매매를 한 이후에 에이즈에 걸렸다고 한다.

이렇듯 이른 시기에 성관계를 경험하는 청소년들에게 성 매개 감염병이나 에이즈에 걸리는 경우가 종종 있습니다. 성 매개 감염병이란 성병에 감염된 사람과의 성적인 접촉을 통해 전파되는 질환입니다. 증상이 빨리 나타나지 않는 경우 치료가 늦어져 다른 신체기관에 합병증이 생기기도 합니다. 성 매개 감염병은 전염성이 있기 때문에, 성 파트너와 동시에 치료를 받아야만 합니다. 한쪽만 치료를 받거나, 증상이 좋아졌다고 치료를 끝까지 받지 않을 경우 서로 병원균을 계속 옮길 수 있습니다. 성 매개 감염병 중에는 성적인 접촉 외에도 주사 바늘을 공동으로 사용하는 등의 방법으로 혈액에 의해서 전파되는 사례도 있습니다.

성 매개 감염병은 요도나 질에 분비물이 생기거나, 배뇨 시의 화끈거림, 가려움, 생식기에 나는 궤양 또는 사마귀, 피부 반점, 아랫배의 통증, 골반 내의 염증 등의 증상이 생길 수 있으며, 남성의 경우 음낭이 붓거나 고환에 통증이 생기기도 합니다.

<주요 성 매개 감염병의 특성>

종류	증상 및 특성	바이러스
헤르페스	생식기나 항문 주변에 아픈 궤양이 생기게 하는 바이러스성 감염. 감염되거나 재발되기 쉽지만 치료법은 없고 증상을 완화시키는 약만 개발됨	

4장 청소년기에 주의해야 할 성문제

임질	생식기, 입, 직장에 감염을 일으키는 성 매개 감염병으로 치료 가능함. 성 접촉으로 주로 감염되지만, 감염된 산모로부터 출산 시에 아기가 감염되기도 함. 종종 아무런 증상이 나타나지 않지만, 치료하지 않으면 모두에게 불임이 생길 수 있음.	
에이즈 바이러스 (HIV)	점차적으로 면역 세포들을 망가지게 하여 여러 감염을 일으키고, 결국 죽음에까지 이르게 함.	
사면발이	음모 주변에 살면서 사람의 혈액을 빨아들이는 작은 기생충으로 보통 성 접촉에 의해 감염되지만 드물게 옷이나 침구류에서 감염되기도 함. 사면발이 때문에 심각한 문제가 일어나는 경우는 거의 없지만, 가려움 때문에 매우 불편할 수 있음.	
매독	치료하지 않으면 오랜 기간에 걸쳐 내부 장기에 손상을 일으킬 수 있는 세균성 감염. 초기에는 생식기에 통증이 없는 궤양이 생기고 2기에는 전신, 특히 손발바닥에 발진이 생겼다가 없어짐. 치료하지 않으면 말기 단계로 발전하여 중추신경계, 눈, 심장, 대혈관, 간, 뼈, 관절 등 여러 장기에 매독균이 침범하며 위중해짐.	

━━ 성 매개 감염병 예방법

청소년기에 성 매개 감염병의 위험으로부터 완벽하게 벗어날 수 있는 방법은 성적으로 금욕하는 것입니다. 성 매개 감염병을 예방하거나 위험을 줄일 수 있는 방법은 아래와 같습니다.

• 콘돔 사용하기

• 건전한 이성교제하기

- 손과 생식기를 청결하게 하기
- 치료를 받을 때는 성 접촉 파트너와 함께 받기
- 성 매개 감염병의 증상과 예방법에 대해 숙지하기
- 성인이 된 후에는 사랑하고 서로 믿을 수 있는 사람과 성 생활하기
- 불건전한 성관계를 가진 경우에는 여성은 산부인과를, 남성은 비뇨기과 검진 받기

청소년과 함께 해보기

성 매개 감염병 예방을 위해 할 수 있는 일에 대해 생각해 봅시다.

4장 청소년기에 주의해야 할 성문제

장애 청소년의
성폭력 문제

[사례] 지적장애를 앓고 있는 중학교 1학년 B양은 특수학교 교사 A씨에게 성폭행을 당했다. A씨는 무려 5년에 걸쳐 교실 등에서 지적장애 학생들에게 성폭력을 저지른 것으로 알려졌다. A씨는 기숙사에서 지내던 B양을 밤에 수시로 학교 체육관으로 불러내 성폭행했다. B양은 대낮에 같은 반 친구들이 있는 교실에서도 성폭행을 당했다고 밝혔다. B양이 진로교육 수업 도중 "선생님이 제자와 성관계를 맺어도 되냐?" 하고 질문을 하면서 성폭행 사실이 드러난 것으로 알려졌다. B양의 말에 따르면 "밤에 컴퓨터를 하는데 선생님이 도와달라고 불러서 갔더니 다짜고짜 하자고 했다. 너무 많이 강요당해서 그럴 수밖에 없었다."라고 했다.

최근 위의 사례와 같은 지적 장애인에 대한 성폭력 사례가 늘어나고 있습니다. 지적 장애아들은 일반인에 비해 학대나 성폭행에 더 취약한 반면, 밖으로 알릴 확률은 낮습니다. 그러므로 장애아를 돌보는 이들은 매일 아이들의 행동을 유심히 살펴야 합니다. 무엇보다 장애인의 특성을 잘 파악하는 것이 필요합니다.

그렇다면, 성폭력 피해를 당한 장애인의 사례에서 드러나는 특성은 무엇일까요?

첫째, 지적 장애인은 일반적으로 성폭력과 친밀감을 구분하는 것이 어렵다고 합니다. 즉 비장애인에 비해 성교육과 성폭력 예방 등의 교육 기회가 부족하여 성폭력에 대한 개념 인지가 형성되어 있지 않아 위기에 대처하는 능력이나 자기표현 능력이 부족하며, 작은 친절에도 쉽게 친밀감을 느껴 다가가는 특성을 가지고 있어 성폭력 피해자가 되기 쉽습니다. 가해자들은 먼저 좋아하는 물건이나 과자 등을 선물하며 친밀감을 형성한 후 어느 정도의 시간이 지난 다음에 지적 장애인을 유인하여 성폭력을 한다고 합니다. 그리고 성폭력을 한 후에도 물질적인 보상을 하거나 특별한 애정을 주는 것이라고 거짓말을 하여 지적 장애인이 성폭력이라고 생각하지 못하도록 만듭니다. 또한 부모 등 가족이 지적 장애를 가진 경우에는 지적 장애인을 양육하고 지지해줄 수 있는 보호체계가 더욱 부족해 상대적으로 성폭력에 노출될 가능성이 높으며, 실제 성폭력 피해 후에도 피해 재발을 방지하는 데에서도 어려움을 겪는 일이 많습니다.

둘째, 피해 유형으로는 근친강간을 포함한 강간의 비율이 높게 나타납니다. 특히 근친강간은 주로 아동기에 이루어지는 경우가 많고 성인이 될 때까지 지속적으로 피해를 입을 가능성이 크다고 합니다. 대개 신뢰관계에 있는 가족이나 친족에게서 받는 피해이므로 타인에 의한 피해보다 심리적·사회적으로 더욱 심각한 후유증을 겪게 됩니다.

셋째, 성폭력의 주 피해연령은 중·고등학생이지만, 그 피해연령이 점차 낮아지고 있는 추세입니다. 지적 장애인 역시 비장애 아동처럼 성폭력 피해를 자신의 잘못으로 착각하여 가족을 비롯한 주위 사람들로부터 비난받을 것에 대해 두려움을 가지고 있습니다. 가해자의 협박이나 성폭력에 대한 개념 인지 부족으로 성폭력 피해를 입어도 성폭력인지 모르는 경우가 많고, 어떻게 표현해야 하는지, 누구에게 표현해야 하는지 모르는 경우도 많습니다. 이로 인해 성폭력 사실이 드러나기까지 상당한 시간이 소요되며 피해 후유증 역시 비장애인에 비해 더 심각하여 이후에도 성적인 문제가 발생할 가능성이 더 높을 수 있습니다.

넷째, 성폭력 피해를 입는 주대상은 3급의 경도 지적 장애인입니다. 경도 지적 장애인의 경우 자기 스스로 신변 처리가 가능하고 비장애인과 다름없이 일상적인 생활이 가능하여 외부 활동에 크게 제한을 받지 않습니다. 그러나 비장애인과 달리 성에 대한 정확한 정보 습득이나 대인관계 훈련을 받은 적이 거의 없고, 길거리를 배회하는 경우가 많으므로 충동이나 유인에 상대적으로 취약하고 이를 적절히 해결할 수 있는 방법을 알지 못하기 때문에 성폭력 피해에 쉽게 노출되는 특성이 있습니다. 특히 3급 지적 장애 아동·청소년은 비교적 컴퓨터를 잘 다루므로 인터넷 채팅(일명 번개팅)을 통해 또래나 성인 가해자를 만날 가능성이 높지만, 성폭력에 대한 개념이 부족하고 성폭력 발생에 대한 예측 판단이 어려워 쉽게 유인되는 경향을 보입니다.

다섯째, 지적 장애인을 대상으로 한 성폭력 가해자는 실태 조사에서도 나타난 바와 같이 주로 주변의 아는 사람이 많습니다. 항상 가까이 있어서 접근이 용이하며, 지나친 친밀감을 나타내더라도 아는 사람이기 때문에 가해자의 요구를 거절하기가 힘들다고 합니다. 따라서 거절하지 않았다고 해서 피해자가 동의한 것은 아니며, 거절하지 못하도록 상황을 만든 가해자에게 책임이 있습니다. 또한 평소의 친분으로 인하여 가해자의 성적 행위를 관심과 사랑의 표현으로 오인하기도 하며, 성폭력과 친밀감을 구분하기 어려운 것도 성폭력 피해율을 높이는 결과가 되기도 합니다.

4장 청소년기에 주의해야 할 성문제

여섯째, 지적 장애인은 자신보다 힘이 우월한 사람에게 폭력을 직접 경험(또는 관찰 경험)한 경우가 많아 성폭력 상황에서 저항하기란 거의 불가능합니다.

지적 장애 아동의 성범죄 피해를 막으려면 어떻게 해야 할까요. 위에서 살펴본 성폭력에 취약한 장애인의 특성에 대해 관심을 갖고 성범죄에 노출되지 않도록 주의의 관심과 애정이 필요합니다.

장애 청소년을 위해 내가 도울 수 있는 일은 무엇일까 생각해봅시다.

4장 청소년기에 주의해야 할 성문제

디지털 성범죄
바로 알기와 예방법

디지털 성범죄 사례는 1999년 등장한 소라넷을 시작으로, 이 사이트에서 2000년대 초부터 아동 청소년 음란물이 유포됐지만 폐쇄는 2016년에야 이루어졌습니다. 2020년 '텔레그램 n번방 박사방'이 세상에 드러나면서 디지털 성범죄에 대한 관심이 높아지고 있습니다. '텔레그램 n번방 박사방' 운영자들은 미성년자를 비롯한 일반 여성들을 협박해 성 착취물을 제작·유포하는 사건이었습니다.

① 디지털 성범죄란?

카메라 등의 매체를 이용하여 상대의 동의 없이 신체를 촬영하여 유포하거나 유포하겠다고 협박하는 일, 사이버 공간이나 SNS 등에서 타인의 성적 자율권과 인격을 침해하는 성적 괴롭힘을 의미합니다.

십 대 청소년들 사이에서 특히 문제가 되고 있는 디지털 성범죄의 유형은 어떤 것이 있을까요?

- 촬영물을 이용한 성범죄가 있습니다. 즉 당사자의 동의 없이 촬영하여 웹하드나 웹사이트, SNS, 단톡방 등에 가족이나 지인에게 보내겠다고 유포 협박하거나 실제 유포하는 행위입니다. 또는 불법 촬영물을 이용하여 이별 후에 재회를 요구하며 협박, 금전을 요구하는 경우도 있습니다. 웹하드, 포르노 사이트, SNS 등에서 불법 촬영물을 다운받거나 공유, 시청하도록 유통하는 행위도 디지털 성범죄에 해당합니다.

- SNS, 문자, 이메일, 게임 채팅 등 사이버 공간 내에서 성적 내용을 포함한 모욕행위 등으로 나타나는 사이버상 성적 괴롭힘도 디지털 성범죄라고 볼 수 있습니다.

② 청소년을 대상으로 디지털 그루밍(Grooming) 성범죄가 일어나는데, 디지털 그루밍(Grooming)이란 무엇인가요?

그루밍(Grooming)은 '다듬다, 손질하다'는 뜻으로 성적 의도를 가지고 피해자에게 접근하여 신뢰 관계를 쌓은 뒤 피해자가 성적

171

가해 행동을 자연스럽게 받아들이도록 길들이는 행위를 뜻합니다. 디지털 그루밍은 채팅, 메신저, SNS 등을 통해 아동·청소년에게 접근하여 길들인 후, 성 착취 행위를 용이하게 하고 피해 폭로를 막는 행위를 말합니다.

그루밍(Grooming)에는 몇 가지 단계가 있습니다.

그루밍(Grooming) 단계: 먼저 피해자를 물색합니다 → 친밀한 관계 형성(접근, 대화) → 피해자의 취약점을 파악합니다.(취미, 관심사, 외로움, 빈곤 등) → 신뢰 관계를 형성합니다. → 사소한 요구를 합니다.(얼굴 사진 등) → 오프라인 만남이나 성적 촬영물을 요구합니다./함께 나눴던 대화 내용이나 파일 유포하겠다고 협박합니다. → 피해 촬영물 추가 요구/성관계 등 지속적이고 확대되는 양상으로 나타납니다.

이러한 아동·청소년들을 디지털 성범죄로부터 보호하려면 어떻게 할까요? 디지털 성범죄 예방법에 대해 알아보겠습니다.

③ 디지털 성범죄 예방법에 대해 알아볼까요?

• 장난이라도 동의 없이 사진이나 영상을 촬영이나 전송하지 않습니다.

- 동의 없이 사진, 영상 합성 또는 시청을 하지 않습니다.
- 모르는 사람이 전송한 링크나 파일을 클릭하지 않습니다.
- 나의 정보를 알려달라는 요청이 있을 경우 바로 보호자에게 알립니다.
- 동의 없이 나의 사진/정보 유출 시, 보호자 및 전문기관에 알립니다.

출처: <젠더온, 한국양성평등교육진흥원, 아동,청소년과 함께하는 디지털 성범죄 예방하기>

④ 디지털 성범죄 상담 지원센터는?

- 디지털 성범죄 피해자 지원센터: 02) 735-8994
- 비공개 온라인 상담 접수(www.women1366.kr/stopds)
- 여성긴급전화 1366 : 24시간 긴급 보호, 상담, 의료, 법률지원 서비스
- 한국 성폭력 상담소: 02) 338-5801
- 1388 청소년 사이버 상담센터(https://www.cyber1388.kr)

5장
—
십 대들을 위한
건강한 생활기술

수업 시간을 이용하여 학생들에게 원치 않는 성행동과 흡연·음주 상황에 대처하기 위한 생활기술(Life Skill) 향상에 대한 것을 가르치고 있습니다. 생활기술이란 일상생활에서 일어나는 요구사항 및 도전들을 개인이 효과적으로 다룰 수 있는 긍정의 행위 능력을 말합니다.

즉, 주어진 일에 현명한 결정을 내려 문제를 해결하고 비판적, 창의적 사고와 효과적인 의사소통으로 건강한 관계를 유지하며, 타인의 의견에 공감하고 생산적인 방식으로 자신의 삶에 바르게 적용할 수 있도록 돕는 사회 심리적 능력 및 대인관계 기술입니다. 이는 주변 환경을 건강에 이로운 방향으로 변화시키는 행동을 목표로 할 뿐만 아니라, 개인의 행동이나 타인을 대하는 행동의 변화를 목표로 합니다. 이번 장에서는 사춘기 청소년들이 일상에서 적용할 수 있는 건강한 생활기술에 대해 알아보겠습니다.

나의 자아존중감
높이기

　　생활기술 가운데에서도 자아존중감 형성 기술은 가장 기본적이며 우선적으로 개발해야 할 기술입니다. 세계적인 리더나 작가, 예술가들의 공통점 중 하나는 이들 모두가 의사소통능력이 뛰어나다는 것입니다. 의사소통능력이 뛰어난 사람들은 대체로 다른 사람이 원하는 것을 잘 받아들이고, 설득을 할 때도 원활하게 소통하고 있다는 것을 알 수 있습니다. 그리고 원활한 소통의 비결은 바로 자아존중감(self-esteem)에서 찾을 수 있습니다. 자아존중감이 높은 사람은 자신의 의견을 말하는 데 주저함이 없고 다른 사람의 마음을 읽는 데 뛰어나며, 그로 인해 원만한 대인관계를 유지하기 때문입니다. 반면, 자아존중감이 낮은 사람들은 소심하고 늘 억눌려 있으며, 모험심이 적고, 타인을 잘 의식하지 않으며, 의존도가 높아서 스스로 문제를 해결하기 어렵다고 합니다.

자아존중감은 '자신을 어떻게 평가하고 있는가'를 뜻합니다. 개인이 스스로 자신을 평가하여 자신에 대해 어떻게 느끼며, 얼마나 가치 있다고 여기고, 장단점을 수용할 수 있는가를 의미하는 것입니다. 자아존중감이 높으면 다른 생활기술들도 높아져 인생의 여러 문제를 건설적이고 효과적인 방향으로 해결할 가능성이 커집니다. 일상의 구체적인 문제를 해결한 경험이 많으면 자아존중감이 높아진다고 보고되고 있습니다. 또한 자아존중감이 높은 사람은 상대적으로 흡연, 음주, 약물 남용, 폭력, 비행 같은 반사회적 행동이나 우울증, 등교 거부 같은 비사회적 행동을 포함한 여러 위험 행동을 할 확률이 훨씬 더 적다는 사실도 밝혀졌습니다. 인생에서 성공할 확률을 높이려면 사춘기 청소년들의 자아존중감을 높여주는 일부터 서둘러야 할 것입니다.

자아존중감에 영향을 미치는 요인은 타인으로부터 받는 존중, 성공 경험, 자신에 대한 평가, 정서적 만족도, 신체에 대한 긍정적인 지각, 환경과의 상호작용에 대한 이해 등이 있습니다. 그러므로 부모, 교사, 친구들로부터 존중받은 경험이 많을수록, 부모, 교사, 친구들과 긍정적인 관계를 형성할수록, 지금 나의 외모와 신체 능력에 대해 만족도가 높을수록, 지금까지 스스로 잘했다고 생각한 경험이 많을수록, 지금 나의 처지와 환경에 대한 만족감과 긍정적인 생각이 많을수록 자아존중감이 높아질 수 있습니다.

—— 자아존중감을 높이는 방법

　자아존중감을 높이기 위해서는 '자아 정체성 확립'이 그 무엇보다 중요합니다. '나는 어떤 사람인가?'에 대한 물음에 답하면서 자아 정체성을 확립하고, '내가 무엇을 할 때 가장 즐거운가?'를 찾아서 '몰입'하는 것이 중요합니다. 시카고 대학의 미하이 칙센트미하이(Mihaly Csikszentmihalyi) 교수는 『몰입(flow)』이라는 책에서 스트레스를 극복하고 각자의 행복한 삶을 추구하는 방편으로 몰입 상태를 권하고 있습니다. 완전한 집중 상태에서 물 흐르듯 에너지가 흘러가고 여유롭고 편안한 마음이 되듯 정신없이 한 가지 일에 몰입해 삼매경에 빠지는 것이 중요하다는 의견입니다. 이를 위해 매일 규칙적인 운동을 한 뒤 15~30분가량 혼자만의 시간을

5장 십 대들을 위한 건강한 생활기술

가지고 명상하는 것이 큰 도움이 됩니다. 긴장감을 떨어트리고, 스트레스를 해소하는 데 도움을 주기 때문입니다.

그리고 다른 사람과 서로 긍정적인 평가를 주고받는 방법이 있습니다. 다른 사람들의 지속적인 격려와 지원을 받으면 자연스레 자아존중감이 높아지게 됩니다. 가족이나 친구들의 마음을 이해하고 공감하는 태도를 갖는다면 상대도 긍정적인 지지를 보내줄 것입니다. 다른 사람과 비교하지 않으며, 자신의 고유한 가치를 높이 인식하도록 노력해야 합니다. 이 세상에 나와 똑같은 사람은 한 사람도 없으니 우리는 모두 유일하고 소중한 존재라는 것을 깨닫고 스스로의 가치에 긍정적인 의미를 부여해야 합니다. 무엇보다 긍정적인 자기 평가가 가장 중요합니다. 나에 대해 잘 알지 못하는 타인들의 평가보다는 나를 가장 잘 이해할 수 있는 스스로의 평가가 훨씬 더 중요하기 때문입니다. 자신에 대한 이해를 바탕으로 나에게 맞는 목표를 세우고 노력해서 좋은 결과를 만들어 내면서 만족감을 느끼고 스스로의 가치를 높이려는 자세가 도움이 됩니다.

아래 내용을 읽고 자신의 생각과 일치하는 곳에 표기해봅시다.

	내용	전혀 동의 할수없다	동의하지 않는다	동의한다	전적으로 동의한다
1	나는 내가 다른 사람들처럼 가치 있는 사람이라고 생각한다.	①	②	③	④
2	나는 내가 좋은 성품을 가졌다고 생각한다.	①	②	③	④
3	나는 대체로 나를 패배자라고 생각하는 경향이 있다.	④	③	②	①
4	나는 대부분의 다른 사람들만큼 일을 잘 할 수 있다.	④	③	②	①
5	나는 자랑할 만한 것이 별로 없는 것 같다.	④	③	②	①
6	나는 내 자신에 대해 만족하고 있다.	①	②	③	④
7	대체적으로, 나는 나 자신에 대해 만족하고 있다.	①	②	③	④
8	내가 나 자신을 좀 더 존중 할 수 있었으면 좋겠다.	④	③	②	①
9	나는 때때로 내가 정말 쓸모없다고 느낀다	④	③	②	①
10	나는 때때로 내가 전혀 좋은 사람이 아니라고 생각한다.	④	③	②	①

30점 이상 : 높음, 20점 이상 : 보통, 19점 이하 : 낮음
나의 자아존중감 점수 : (점), 내 아이의 자아존중감 점수 : (점)

출처 Rosenberg. M., Sosiety and the adolescent self-image: Revised edition.

서로 칭찬하고 싶은 말 적어보기

- 부모 :

- 자녀 :

다음 질문을 곰곰이 생각해보고 솔직하게 답해보기

- 내가 잘하는 일은 무엇인가?
- 내가 좋아하는 일은 무엇인가?
- 그 일을 통해 나와 남들이 기뻐하는가?

『강아지 똥은 왜
자아존중감이 낮았을까?』

임성관 지음 · 시간의물레

『강아지 똥은 왜 자아존중감이 낮았을까?』는 어린이(초등 고학년) 및 청소년(중학생)을 위한 첫 번째 인문학 시리즈로 '심리학'을 주제로 다룬다. 그림책이나 동화들 가운데 이미 학생들이 읽었을 가능성이 높은 책을 바탕으로 풀어 어려울 수 있는 심리학적 이론들을 쉽게 접할 수 있음은 물론, 마음이 건강한 사람이 될 수 있는 방법들도 익힐 수 있다.

좋은 스트레스
vs 나쁜 스트레스

여성가족부가 2015년에 13~24세 청소년을 대상으로 '고민거리'를 조사한 결과 1위는 공부(35.3%), 2위는 직업(25.6%), 3위는 외모·건강(16.9%), 4위는 기타(이성, 친구, 용돈) 22.2%로 나타났다고 합니다. 이처럼 청소년들도 여러 '고민거리'로 스트레스를 받고 있다는 사실을 확인할 수 있습니다. 이를 해결할 방법에는 무엇이 있을까요?

스트레스 대처 기술(Stress coping skills)은 스트레스의 원인과 영향을 파악해 그 원인을 줄이거나 피하지 못할 스트레스의 영향을 적게 하는 능력입니다. 스트레스(stress)의 어원은 '팽팽히 죄다, 좁다'라는 뜻의 라틴어 'stringere'에서 유래했습니다. 현대에는 외부 환경의 압력으로부터 보호하려는 저항력 사이의 균형이 깨지면서 나타나는 신체 및 정신적인 증상을 의미하는 단어로 사용되

5장 십 대들을 위한 건강한 생활기술

고 있습니다.

스트레스는 '좋은 스트레스(Eustress)'와 '나쁜 스트레스(Distress)'로 나눌 수 있습니다. 적당한 스트레스는 우리 몸의 적응력을 기르는 데 도움을 줍니다. '좋은 스트레스'는 우리 몸을 가벼운 흥분 상태로 만들어 주어 일의 능률을 높이는 긍정적인 역할을 합니다. 특히 합격, 승진, 졸업, 결혼 같은 '좋은 스트레스'는 우리에게 동기를 부여하고 몸과 마음을 활성화시켜 회복력이나 저항력을 길러 줍니다. 반면 '나쁜 스트레스'는 만병의 근원으로 우리에게 부정적인 영향을 미칩니다. 질병, 이별, 죽음 등 마음에 부담을 주는 일이 장시간 만성적으로 이어지거나 단시간에 갑작스럽고 감당하기 힘들 정도의 스트레스가 밀려오면 심신의 균형이 깨지는 상태가 되는데, 이러한 스트레스들은 '나쁜 스트레스'에 속합니다.

청소년기에 발생할 수 있는 스트레스의 원인에는 어떤 것들이 있을까요. 첫째, 인지발달 과정의 스트레스입니다. 청소년기에 자리 잡기 시작하는 자아 중심성은 몸과 마음의 평형을 깨뜨려 그 자체로도 스트레스를 받게 됩니다. 둘째, 청소년은 인지구조가 발달하는 동안 '자아 중심성'이 강하게 나타나는데 이상과 현실과의 괴리로 인해 불균형이 생기고, 이로 인해 심한 갈등을 겪습니다. 셋째, 자립성 확인의 스트레스를 들 수 있습니다. 청소년

기는 특유의 독립적인 사고로 인해 스트레스를 받을 수밖에 없습니다. 넷째, 자아 정체성 발달의 스트레스입니다. 청소년기는 자아 정체성이 확립되는 시기인데 이때 자신에 대한 타인의 인식과 자신의 인식 간에 차이가 벌어져 자기 정체성 확립이 어려울 때 스트레스가 커집니다. 다섯째, 신체적 성숙의 스트레스입니다. 신체적 발달은 성인과 비슷하지만 행동이 아직 어린아이처럼 미숙할 때 혹은 사회성 발달이 더딜 때 스트레스가 발생합니다.

―― 스트레스 대처 방법

① 자기관리 하기

자신에게 알맞은 시간의 수면을 취해야 합니다. 밤에는 충분히 수면을 취하고 낮잠은 30분 이하로 줄이는 게 좋습니다. 재미있는 책을 읽거나 자신이 좋아하는 음악을 들으며 충분한 휴식을 취합니다. 여러 사람이 함께할 수 있는 신체 활동이나 운동을 규칙적으로 하는 것도 좋습니다. 야채와 과일을 매일 규칙적으로 섭취하고, 균형 잡힌 적정량의 식사를 하도록 합니다. 자극적인 음식과 카페인이 함유된 음식은 제한하도록 합니다. 시간을 잘 활용할 수 있도록 기록하여 분석해보면서 목표를 분명하게 설정하여 일을 효율적으로 처리할 수 있도록 합니다.

② 긍정적인 생각하기

부정적인 생각은 줄이고 나쁜 스트레스를 좋은 스트레스로 바꾸도록 하면 도움이 됩니다.

③ 근육을 이완하기

근육을 이완시키는 가벼운 운동이나 좋아하는 여가 활동이 필요합니다. 웃음이 넘치는 가족과의 대화는 그 어떤 것보다 긴장을 완화할 수 있습니다.

④ 자원 활용하기

다른 사람과의 대화를 통해 객관적인 시각과 현실적인 판단을 할 수 있도록 조언을 듣고 정서적 지지를 받도록 합니다. 삼림 걷기, 숲 치유, 그린 샤워, 식물 기르기, 음악 듣기, 노래 부르기 등의 활동을 통해서도 스트레스를 줄일 수 있습니다

스트레스 해소 방법은 이외에도 다양하며, 개인의 특성에 따라 스트레스 받는 내용과 상황에 따라 달라집니다. 누군가에겐 수면이 효과적인 스트레스 해소 방법이지만, 다른 사람에게는 효과가 없을 수 있습니다. 공부를 많이 못해서 스트레스를 받는 상황에서 수면은 스트레스 해소가 아닌 문제상황의 회피이자 스트레스를 심화시키는 방법이 될 수 있습니다. 스트레스는 바로 해소하지 않고 회피하거나 참고 덮어두면 자연스럽게 사라지는 것이 아니기 때문에, 더 큰 건강상의 문제가 되지 않도록 될 수 있으면 빨리 해결해야 합니다. 따라서 자신에게 맞는 스트레스 해소 방법을 찾아내 적극적으로 대처하는 자세가 필요합니다.

〈스트레스 자가 진단〉

다음 평가 내용을 잘 읽어 본 후에 현재 자신의 상태와 가장 비슷하다고 생각
되는 항목에 표시를 해봅시다.

(A) 전혀 그렇지 않다(1점)
(B) 약간 그렇다　　(2점)
(C) 대체로 그렇다　(3점)
(D) 매우 그렇다　　(4점)

	내용	A	B	C	D
1	쉽게 피로감을 느낀다.				
2	기억력이 나빠져 잘 잊어버린다.				
3	별다른 이유 없이 불안, 초조하다.				
4	쉽게 짜증나고, 기분 변동이 심하다.				
5	온몸의 근육이 긴장 되고 여기저기 쑤신다.				
6	피부가 거칠고 각종 피부 질환이 심해졌다.				
7	식욕이 없어 잘 안 먹거나 갑자기 폭식을 한다.				
8	모든 일에 자신감이 없고 자기 비하를 많이 한다.				
9	모든 일에 집중이 안 되고 학습 능률이 떨어진다.				
10	잠에 들이 못하거나 깊은 잠을 못 자고 자주 잠에서 깬다.				

- A에서 D까지 각각 몇 개가 나왔는지 확인 한 후 점수를 더해 봅시다.

     A : (   )점 B : (   )점 C : (   )점 D : (   )점 합계 : (   )점
- 10~15점 : 거의 스트레스를 받고 있지 않음
- 16~20점 : 약간 스트레스를 받고 있음
- 21~25점 : 스트레스가 심한 편이므로 스트레스를 줄이기 위한 대책이 필요함
- 26~30점 : 심한 스트레스를 받고 있으므로 신체 상태에 대한 정기적인 검진과 더불어 스트레스를 줄이기 위한 적극적인 대책이 필요함
- 31점 이상 : 극심한 스트레스를 받고 있으므로 전문의와 상담이 필요함

출처: 한국청소년 사회복지 개발원(https://www.kyci.or.kr)

읽어보면 도움되는 책

『킬러 스트레스』

NHK특별취재팀 지음, 권일영 옮김 · 에디터 · 2018

우리가 일상에서 받는 스트레스는 사람을 죽게 할 수 있을 정도로 치명적이다. 그 스트레스라는 것이 정확히 무엇인지 진화론적 관점과 신경학적인 관점에서 정의를 내린다. 그리고 그 스트레스에서 자신을 보고하기 위해 무엇을 해야 하는지도 명확하게 정리하였다. 부제 그대로 사람 잡는 스트레스, 그 정체와 대처법에 대해 알 수 있는 책이다.

경청과 공감의
의사소통 기술

"시간은 빨리 흐른다. 특히 행복한 시간은 아무도 붙잡을 새 없이 순식간에 지나간다." 박완서 작가의 『아주 오래된 농담』 중에 나오는 말입니다. 저 역시 요즘 들어 이 글귀에 많은 공감을 느끼고 있습니다. 두 딸아이의 어린 시절 기억들이 떠오를 때마다 아쉬움이 많이 남습니다. 저도 모르게 상처를 주었던 말들이나 행동들 때문에 더 그렇습니다. 그래서 그런지 사춘기 청소년을 지도하고 있는 지금 그들이 보고 있는 책과 음식, 음악, 아이돌 등에 관심을 가지게 되었습니다. 그리고 이를 통해 그들과 소통하려고 노력하고 있지요.

중앙일보와 현대자동차재단이 사회 각 분야의 권위자 100명에게 미래 인재에게 필요한 핵심역량에 대해 조사했더니, 창의성 29%, 인성(도덕성) 28%, 융·복합(통섭) 능력 26%, 협업(협동) 역량 26%, 의사소통 기술 18%, 대인관계 능력 6% 순의 결과가 나왔다고 합니다.(출처: 중앙일보, 2018. 1. 27) 이 중 의사소통 기술은 대학을 졸업하고 취업을 앞둔 사회 초년생들이 배우면 좋은 기술 중 하나이기도 합니다. 의사소통 기술은 사회적인 고립을 막고 정신적, 사회적 건강을 유지하는 데 매우 중요한 생활기술입니다. 여기에서는 자라나는 사춘기 청소년들에게 꼭 필요한 효과적인 의사소통 기술에 대해 알아보겠습니다.

━━ 다양한 의사소통의 기술

① 언어적 의사소통

언어적 의사소통은 인간이 사용하는 전체 커뮤니케이션 기술 가운데 아주 중요하지만 비교적 작은 부분에 지나지 않으며 각자의 언어에 대한 이해나 그 사용 방법, 정서적 상태 등에 따라 같은 단어일지라도 얼마든지 다른 의미를 전달할 수 있습니다. 언어적 의사소통은 말과 글로 주로 표현됩니다.

② 비언어적 의사소통

비언어적 의사소통에 대해 UCLA 심리학과 교수 앨버트 메라비언(Albert Mehrabian)은 '메라비언 법칙'을 통해 설명하고 있습니다. 어떤 사람이 말을 할 때, 그로부터 받는 인상은 자세와 용모,

복장, 제스처가 55%, 목소리 톤이나 음색이 38%, 내용이 7%의 중요도를 갖는다고 합니다. 이 주장에 따르면 '내용'은 중요도 면에서 고작 7%밖에 영향을 받지 않는 것을 알 수 있습니다. 나머지 93%는 이미지가 좌우한다는 것입니다. 이는 이미지가 말이나 글보다 강하고 몸이 입보다 더 많은 말을 한다는 것을 의미합니다. 언어 이외의 모든 의사소통 수단을 포함하는 비언어적 의사소통은 이처럼 실질적이며 아주 광범위한 의사소통수단입니다.

③ 경청과 공감

'경청'이란 상대방의 말을 듣는 것뿐만 아니라 상대방의 비언어적 의사소통까지 확인하고, 이해하려 노력하는 것을 말합니다. 적극적인 경청을 위해서는 집중하기, 바꾸어 말하기, 명확히 하기, 확인하기, 5W 1H로 듣기 등의 자세를 갖추어야 합니다.

'공감'은 다른 사람을 진정으로 이해하기 위해 상대방의 입장에서 이해하려는 태도를 말합니다. 예를 들어 "네 입장에서 생각해보니 정말 서운했겠다", "그랬구나. 네 말을 들으니 얼마나 기분 좋았을지 느껴진다", "내가 너였어도 정말 속상했겠다" 같은 말로 표현될 수 있습니다.

<적극적인 경청을 위한 방법>

- 집중하기 : 대화 상대자와 적절한 거리를 두고 눈을 마주치며, 편안한 자세로 상대방 쪽으로 몸을 기울여 고개를 끄덕이면서 듣습니다.

- 바꾸어 말하기 : 상대방이 말한 것을 요점만 간추려서 반복하여 말해줍니다.

- 명확히 하기 : 잘 이해되지 않을 때는 다시 질문합니다.

- 확인하기 : 상대방의 말을 제대로 이해했는지 다시 정리해서 확인합니다.

- 5W 1H로 듣기 : 6하 원칙(누가, 무엇을, 언제, 어디서, 왜, 어떻게)에 따라 요점에 집중해서 듣습니다.

④ 나 전달법

'나 전달법(I-Message)'은 자기주장적 의사소통 유형의 한 방법입니다. '나'를 주어로 하여 느낌이나 생각을 솔직하게 표현함으로써, 상대방을 배려하면서 나의 생각을 제대로 전달할 수 있는 효과적인 대화법이라고 할 수 있습니다.

'나 전달법'의 구성요소는 ⓐ 문제가 되는 상대방의 행동에 대한 사실 묘사(네가 수업 시간에 말을 걸면) ⓑ 상대방의 행동이 나에게 미치는 영향(선생님 말씀을 못 들어서) ⓒ 상대방의 행동으로 느끼는 나의 감정(화가 나!) ⓓ 상대방이 해주기를 바라는 사항(그러니 수업 시간이 끝나면 이야기 해줘)으로 이루어져 있습니다.

자기주장적 의사소통 유형으로 말할 때는 상대방과 원만한 관계를 유지하면서 자신이 바라는 목적도 달성할 수 있습니다. 특히 거절하는 상황에서 자기주장적 의사소통 방법이 유용하게 활용될 수 있습니다. 이때, 상대방의 기분을 상하게 하지 않으면서 당당하게 거절 의사를 표현하는 것을 '자기주장적 거절하기'라고 합니다. 사춘기 청소년의 경우 흡연이나 음주 권유, 성 행동 같은 거절해야 할 상황이 발생했을 때 상대의 기분이 상하지 않도록 자기주장적인 거절하기 훈련이 필요합니다.

━━ 메신저 대화의 기술

이제는 전화 대신 메신저가 새로운 커뮤니케이션 수단으로 완전히 자리 잡았습니다. 휴대폰 통화보다는 메신저로만 대화하는 사람들이 점점 더 느는 것 같습니다. 메신저 사용의 이점은 전화처럼 상대방의 시간에 신경 쓸 필요가 없다는 점에 있습니다. 언제든 편한 시간에 읽을 수 있고, 신기하게도 말로 이야기하는 것보다 자신의 진짜 모습을 드러내기 편할 때도 많습니다. 이는 말투나 목소리 등에 신경 쓸 필요가 없어 커뮤니케이션을 위한 심리적 스트레스가 적기 때문입니다. 그런 만큼 메신저로 '듣는 힘'

을 키우는 것이 중요한 시대가 되었습니다. 휴대폰으로 메시지를 자주 보내는 사람은 상대가 자기 고민에 귀 기울이고 친절하게 대해주기를 바라는 사람이 많습니다. 따라서 고민 내용이 담긴 메시지를 받았을 때는 '그런 걸로 고민할 필요가 없잖아'라는 식의 매정한 대답보다는 '힘들었겠다' 같은 상대방을 상냥하게 달래주는 대답이 좋습니다. 실제로 만나서 이야기를 들으면 상대의 표정이나 목소리로 감정을 알 수 있지만, 메시지는 문자와 이모티콘으로만 이어지는 커뮤니케이션이기 때문에 감정이 정확하게 전해지지 않을 때가 있습니다. 그 때문에 멋대로 행간을 읽어 상대방의 기분을 살피려고 하다가 종종 실수의 원인이 되기도 합니다. 반대로 답장에 따라 상대가 당신의 감정을 지나치게 해석해서 읽는 경우도 생깁니다. 따라서 상대방이 오해할 만한 애매한 문장은 피하는 것이 좋겠지요. 또 상대방의 표정을 읽을 수 없는 만큼 말투가 일방적이거나 자기 이야기만 쓰기 쉽습니다. 보내기 전에 수정할 수 있는 것도 메시지의 이점입니다. 자신의 표현이 일방적이지 않은지 보내기 전에 꼭 확인하도록 합시다. 휴대폰 메신저는 편리한 커뮤니케이션 도구이지만 저는 이것만으로 진정한 인간관계가 성립된다고 생각하지는 않습니다. 진정한 위로나 공감은 실제로 만나서 이야기하는 가운데 만들어집니다.

이렇듯 의사소통 기술은 사람들 사이에서 언어나 그 외의 방법으로 자신의 의사, 정보, 감정, 태도, 신념을 전달하고, 반응을 얻으면서 서로 의미를 공유하는 과정입니다. 효과적인 의사소통을 위해서는 상대방의 말에 잘 경청하고 공감하며, 자기주장적으로 이야기하는 기술을 연마할 필요가 있습니다.

다음 내용을 읽어본 후 서로의 의견을 이야기해봅시다.

사춘기 아이와 대화하는 다섯가지 방법

1. 짧게 말하고 행동으로 보이기
단답형 대화에 익숙한 요즘 아이들에게 부모의 긴 이야기는 '설교'에 불과하다. 게다가 아이들은 부모에게 인정받고 싶은 욕망이 있어서 '인생 선배로서 충고하겠다'는 마음으로 접근하면 설득하기가 어렵다. 아무리 중요한 이야기라도 반복하거나 길어지면 지루해할 뿐이다. 명령형보다는 부모의 생각을 전달하는 방식으로 대화하고, 직접 행동으로 보여 주자. "왜 이렇게 늦게 들어 왔어?"라고 소리치는 대신 "지금까지 안 들어 와서 너무 걱정 됐어"라고 말하면서 부모의 마음을 충분히 헤아릴 시간을 주자.

2. 아이의 말 끝까지 듣기
부모와의 대화가 익숙하지 않은 아이는 어쩌다 한 번 입을 열어도 대개 자기주장이나 표현을 잘 하지 못한다. 그럴수록 부모는 답답한 나머지 아이의 말을 끊고 일방적으로 자기 이야기만 하기 일쑤다. 인간관계에서 대화의 기본은 상대의 말을 경청하고 나서 자신의 의견을 말하는 것이다. 아이가 두 마디 말을 할 때 한 마디만 하겠다는 마음으로 끝까지 듣자.

3. 경청하고 있다는 신호 계속 보내기
눈을 마주치고 고개를 끄덕거리거나 적절하게 맞장구를 치면서 관심을 보여야 아이도 신이 나서 자기표현을 한다. '사실 엄마도 예전에 같은 고민을 했어'라고 공감해주면 아이는 더 많은 이야기를 털어놓을 것이다. 다른 일을 하면서 무심하게 대화하거나 대꾸하지 않으면 아이는 부모가 자신을 거부한다고 느끼고 마음의 문을 더 닫는다.

4. 외모나 옷 스타일로 잔소리하지 않기

십 대들에게는 외모가 자기 존재를 알리는 척도다. 특히 옷차림에 신경을 많이 쓰는데, 부모가 '옷차림이 그게 뭐냐'라고 비난하면 아이는 말이 통하지 않는다고 느낀다. 부모들도 사춘기 시절 자기 부모와 같은 문제로 갈등했던 사실을 기억하자.

5. 한 번에 한 가지 주제로만 대화하기

대화하면서 갑자기 지나간 이야기를 하거나 다른 주제로 화제를 돌리는 것은 바람직하지 않다. 특히 까맣게 잊고 있던 과거의 잘못을 끄집어내면, 아이는 현재의 문제에 집중할 수 없을 뿐 아니라 부모를 아무 때나 옛날이야기를 꺼내 화를 내는 사람 혹은 잔소리꾼으로 여긴다.

출처: 『내 아이의 사춘기』(2010), 스가하라 유코, 한문화

읽어보면 도움되는 책

『사소한 말 한 마디의 힘』

사이토 다카시 지음, 양수현 옮김 · 걷는나무

저자가 오랜 방송 생활을 통해 익힌 긍정적인 대화 습관과 저자의 전공인 커뮤니케이션론을 바탕으로 실제 생활에서 제자, 친구, 동료 등 수많은 사람들을 만나며 쌓아 온 대화법을 고스란히 담았다. 이 책은 다른 사람의 의견을 깎아내리고 자존심을 건드리는 말버릇, 무성의한 답변 등 상대방의 마음에 상처를 주고 인간관계를 무너뜨리는 나쁜 대화 습관들을 버리고 말 한 마디로도 사람의 마음을 얻을 수 있는 대화의 기술을 담았다. 무심코 말해 놓고 실수한 건 아닐까 뒤돌아서서 후회하는 사람, 화려한 말솜씨가 없어 항상 고민인 사람들에게 상대의 마음을 사로잡아 세상을 내편으로 만드는 법을 알려줄 것이다.

바른 결정을 위한
비판적 사고

"저는 중학교 1학년 남자아이입니다. 주변 친구들은 목소리도 변하고 몸에 근육도 커지고 몽정도 한다고 하는데 저는 아직 이무런 변화가 없습니다. 저는 언제쯤 친구들처럼 몸의 변화가 시작될까요? 궁금하기도 하고 걱정도 됩니다. 어떻게 하면 좋을지 모르겠어요."

사춘기가 되면 위 아이의 고백처럼 몸의 변화나 자신의 외모에 대해 신경을 쓰기 시작합니다. 이런 문제들을 해결하기 위해서는 정확하고 유익한 정보를 얻거나 조언해줄 사람이나 기관이 필요합니다. 그러나 도움을 줄 수 있는 사람이나 기관을 모르거나, 누군가에게 물어보고 싶지만 창피하고 부끄러워서 물어보지 못하는 청소년들이 많습니다. 따라서 정확한 정보와 적절한 도움을

199

받을 수 있는 방법을 아는 것이 매우 중요합니다. 위 아이처럼 자신의 몸의 변화에 대해 궁금할 때 어떻게 문제를 해결할 수 있을까요? 어디에 있는 누구에게서 올바른 정보를 얻을 수 있을까요?

　이런 상황에서 문제를 해결하려면 비판적 사고 기술이 필요합니다. 비판적 사고의 주요 개념은 정보를 수집하여 영향력을 분석하고, 반성적 사고로 올바르게 판단하는 능력을 말합니다. 미디어의 홍수 속에 사는 요즘 청소년들은 미디어를 대할 때도 비판적 사고 기술이 필요합니다. 청소년들에게 미디어가 보여주는 내용을 올바로 이해하게 하려면 미디어를 정확하게 읽을 수 있는 능력, 즉 '미디어 리터러시(Media litercy)' 교육이 필요합니다. 이는 '미디어가 재구성하여 만든 세상을 종합적으로 읽어내면서 주체적으로 자기의 의견을 형성하고 그것을 미디어를 통해 표현할 수 있는 능력'을 말합니다. NBC 뉴스 앵커였던 미국의 언론인 린다 엘러비(Linda Ellerbee)는 "미디어 리터러시는 중요한 정도가 아니라 인생의 결정적인 요소가 될 것이다. 미디어 리터러시의 학습 정도에 따라 내 자녀가 대중문화 매체의 도구가 될 것인지 대중문화 매체를 도구로 사용할 것인지 결정되기 때문이다."라고 말하기도 했습니다.

　미디어 리터러시 교육의 일환으로 영화《주노》를 시청한 후 수업을 한 적이 있습니다.

'주노'는 밴드에서 기타를 치고 락 음악을 좋아하며 힙합 풍의 정신없는 말투, 깜직한 허풍, 무심한 표정, 톡톡 튀는 10대 유머를 구사하는 여고생 '주노'가 어느 날 첫 성경험을 해보겠다고 결심을 합니다. 그리고 평소 친하게 지내는 한 친구를 상대로 거사를 하고 두 달 뒤 아기를 가졌다는 것을 알게 됩니다. 뱃속의 아기가 심장이 뛰고 손톱 발톱이 있다는 말에 '주노'는 차마 낙태수술을 못합니다. 그 뒤 벼룩시장에서 아기를 키워줄 불임부부를 찾게 되는 내용입니다. 영화를 시청하고 10대에 성관계를 했을 때와 미룰 때의 장단점에 대해 생각을 나누는 시간을 가졌습니다. 학생들의 생각을 나누어 보았습니다.

10대에 성관계를 했을 때 좋은 점은 "별로 없을 것 같다. 성에 대한 호기심은 없어질 것 같다." 라고 대답했습니다.

10대에 성관계를 했을 때 나쁜 점은 "임신을 할 수 있다. 임신을 하면 학교에 다니기 어렵다. 아기를 키우려면 돈이 필요한데 돈을 벌 수 없다. 아기를 키울 수 없어서 입양 보낼 수 있다. 몸이 망가질 수 있다. 부끄럽다." 등이었습니다.

10대에 성관계를 하지 않았을 때 좋은 점은 "어른이 되어 사랑하는 사람과 처음으로 성관계를 할 수 있다. 결혼 후에 성관계를 할 수 있다. 몸이 망가지지 않는다." 등으로 대답했습니다.

10대에 성관계를 하지 않았을 때 나쁜 점은 "별로 없다. 성에 대해 계속 호기심이 생길 수 있다." 등 이었습니다.

수업을 마치고 한 학생은 아래와 같이 소감문을 작성하기도 했습니다.

"성관계는 사랑, 생명, 책임이 필요하다는 것을 알게 되었다. 하지만 호기심에 의해 성관계를 하는 것은 무모한 짓이다. 내가 아이를 키울 수도 없으니 태어나는 아기가 얼마나 불쌍한가? 사랑과 책임 생명이 포함된 성관계가 중요한데, 책임 없는 성관계를 하다 보면 한 생명에게 죄를 저지를 수 있다는 것을 알게 되었다. 그리고 피임약을 먹어도 100명 중에 10명은 실패한다고 한다. 그래서 나는 결혼 후에 온 가족의 축복 속에 아기를 낳아서 키울 준비가 되어 있을 때 성관계를 하고 싶다."

이렇듯 미디어를 활용한 교육은 여러 가지 깨달음을 얻게 할 수 있습니다.

아래 표는 위 아이가 처한 문제를 해결하기 위해 정보원을 찾고 정보원의 장단점과 정보원을 잘 활용하기 위해 어떻게 해야 할지 수업을 했던 자료입니다. 아래 빈 칸을 청소년과 함께 대화를 나누며 채워봅시다.

정보원	장점	단점	이 정보원을 잘 활용하기 위해서는
담임 선생님 (예)	· 비밀을 지켜줄 것 같다. · 친절하게 가르쳐 주실 것 같다. · 이야기를 잘 들어줄 것 같다. · 정확한 정보를 줄 것 같다.	· 말하기 부끄럽다. · 친구들에게 이야기하실 것 같다. · 집으로 전화하실 것 같다.	· 수업이 끝나고 이야기 한다. · 상담일을 예약한다.

읽어보면 도움되는 책

『청소년 성교육! 대중문화부터 살펴야 해요』

이광호 지음 · 하상출판사 · 2018

매스미디어의 위력이 날로 막강해지고 있는 시대일수록 사업적 영상물이 성(性)을 왜곡하는 지점을 정확하게 짚어 속지 않게 해주는 성교육이 필요함을 역설하고 있다. 저자는 이런 성교육을 미디어 리터러시(media literracy)에 입각한 성교육이라 부르고 싶다고 말한다.

청소년 심리와 팬클럽 문화, 문화상품에 담긴 폭력성과 폭력적 연애문화 등 쉽게 인지하지 못했던 대중문화의 역할에 대한 내용을 실었다.

의사결정 기술의
3단계

성적인 문제와 관련된 상황에서 어떻게 의사결정을 하면 좋을까에 대한 수업을 진행한 적이 있습니다. 도입 부분에서 태아 성장에 대한 영상을 보여주고 수업을 시작했습니다. 이 영상은 태아의 성장 과정을 4분 정도로 담아낸 영상인데, 수정 과정부터 태아가 자궁에서 자라서 탄생하기까지의 9개월간을 담은 그 모습은 경이롭기까지 합니다. 이 영상을 보고난 후 학생들과 다음과 같은 대화를 나누었습니다.

"현재 생리하는 학생들 손들어 볼까요?"
(거의 모든 학생들이 손을 든다.)
(한두 명의 학생들이) "선생님 저는 아직 안 해요."
"생리는 개인차가 있어서 조금 늦게 할 수도 있습니다. 그럼 생리를 한다는 건 무슨 뜻일까요?

"우리 몸속에서 난자가 만들어지고 있고, 이제는 아기를 가질 수 있다는 의미입니다."

"그렇지요. 아기는 키울 수 있는 능력과 부모로서의 책임을 다할 수 있도록 준비하는 것이 매우 중요합니다. 그러므로 성행동에 대한 합리적인 의사결정 기술을 익혀두는 것이 중요하겠지요."

의사결정 기술은 '문제 상황에서 최선이라고 생각하는 것을 선택하는 기술'을 말합니다. 사람들은 매일 여러 가지 결정을 하면서 살아가고 있습니다. 그중 많은 일들이 무의식 중에 벌어지며 이러한 결정들은 큰 문제를 일으키지 않습니다. 그러나 매우 중요한 결정을 내려야하는 상황이 되면, 의사결정 기술이 뛰어난 사람은 주변 사람들의 의견에 끌려 다니지 않고 자신이 알고 있는 정보를 바탕으로 보다 나은 의사결정을 하게 되는 걸 봅니다. 그런 사람은 합리적인 의사결정을 위한 여러 단계를 이해하고 여러 문제 상황에 적용해보고 판단해서 결론을 내리는 것입니다.

의사결정 단계의 모델은 간단한 것부터 복잡한 것까지 몇 가지가 있으나, 사춘기 청소년의 눈높이에 맞춰 'STOP', 'THINK', 'GO'의 3단계로 설명하겠습니다.

　5장 십 대들을 위한 건강한 생활기술

첫 번째 'STOP' 단계에서는 행동하기 전에 멈추고 '무엇이 문제인지, 결정할 일은 무엇인지'를 명확히 하는 것입니다. 두 번째 'THINK' 단계는 문제를 해결할 명확한 방법에는 어떤 것이 있을지 생각해보고 찾아보는 것입니다. 또한 그 방법을 선택할 경우 어떤 결과가 생길지도 생각해보아야 합니다. 세 번째 단계 'GO'에서는 여러 가지 방법 중에서 가장 좋다고 생각하는 해결 방법을 선택하는 것입니다.

——— 성적인 문제와 관련한 의사결정 할 때의 유의점

① 의사를 결정하기 전에 신중하게 그에 따른 결과와 장·단점을 생각해야 합니다.

② 현명한 결정을 내려야 할 때 각 선택에 대한 정확한 정보가 있어야 합니다.

③ 과거에 경험했던 결정을 돌아보는 것은 개인이 경험을 통해 같은 실수를 반복하지 않게 하는 것에 도움을 줄 수 있습니다.

④ 친구, 부모, 다른 가족 구성원, 종교 지도자, 교사에게 의사결정 방법에 대해 물어보는 것은 도움이 될 수 있습니다.

⑤ 최선의 결정은 보통 개인의 가치관과 일치하며, 개인 혹은 다른 사람의 건강, 안전을 위협하지 않는 것입니다.

⑥ 의사결정을 한 후 그 결정을 시행하는 것은 명백해야 합니다.

⑦ 신중한 결정으로 장해물을 극복할 수 있습니다

성 행동은 일순간에 끝날 수도 있지만, 그 결과는 앞으로의 삶 전반에 영향을 미칠 수 있기 때문에 성적인 상황에서의 의사결정 훈련은 그 무엇보다 중요하고 필요합니다. 사춘기 청소년들은 자신의 성을 스스로 다스릴 수 있는 성적 주체로 성장하는 과정에 있기 때문에 어떤 가치관을 가지고 성적 의사를 결정해야 하는가에 대한 준비가 되어 있어야 합니다. 성적인 상황에서의 의사결정 훈련을 하기 전에 먼저 사춘기 청소년들 또한 성적인 존재라는 사실을 인정하고, 청소년들이 자신들의 성에 대한 느낌과 생각, 경험을 말로 표현할 수 있도록 도와야 합니다. 또한 사춘기 청소년들도 성적인 행복과 즐거움을 당당하게 누릴 권리가 있는 성적인 주체이기 때문에 자신의 성행동에 대한 책임을 요구하는 방식으로 접근해야 합니다. 성적 의사결정 기술을 익힌 청소년들이 자신들의 성적 한계를 설정할 수 있는 능력까지 만들어 주도록 노력해야 합니다.

다음은 중학교 1학년을 대상으로 '건전한 이성교제하기'라는 주제로 수업 시간에 활용했던 자료입니다.

아래 상황을 읽고 '예상되는 결과'와 '여러분의 선택'을 적어 봅시다.

상황 : 중학교 1학년 여학생 ♡♡는 친한 이성친구가 있다. 어느 날 둘이서만 노래 방을 가자고 한다. 다른 친구들과 같이 가자고 하자 둘이 가야 노래를 더 많이 부를 수 있다며 계속해서 둘만 가자고 떼를 쓴다. 이런 상황에서 어떻게 할까요?

STOP	☑ 반드시 정해야 할 것		
	반드시 바로 대답하지 않고 기다려보라고 한다. 엄마에게 물어본다. 노래방에서 얼마나 있을지 얼마 동안 노래를 부를지. 너무 늦게 놀지 않도록 한다.		
THINK	☑ 어떤 해결 방법이 있을까	예상되는 결과	
		좋은 점	나쁜 점
	다른 친구들과 동전 노래방을 간다.	더 안전하다.	돈이 많이 든다. 이성친구가 기분 나빠 할 수 있다.
	왜 둘이 가려고 하는지 물어본다.	그 친구에 대해 잘 알 수 있다	친구가 자기를 의심한다고 생각할 수 있다.
	친구들과 함께 간다.	안전하다.	친구가 기분 나빠 할 수 있다.
GO	☑ 제일 좋다고 생각한 선택과 그 이유		
	다른 친구들과 동전 노래방을 간다. 노래를 더 많이 부를 수 있다는 친구의 말에도 일리 가 있는데 나의 기분 또한 중요하기 때문이다.		

읽어보면 도움되는 책

『가장 좋은 의사결정을 하는 5가지 방법』

조셉 바다라코 지음, 최지영 옮김 · 김영사 · 2018

세상에는 흑과 백, 선과 악으로 나눌 수 없는 불확실한 문제가 많다. 이는 인생에서 겪는 가장 어려운 문제이기도 하다. 불확실성과 위험 부담이 큰 문제를 다루는 일은 인간으로서 자신을 시험하는 일이다. 이 책은 이러한 불확실한 문제를 실생활에서 유용하게 해결할 수 있게 하는 다섯 가지 질문을 소개했다. 이 질문은 아리스토텔레스부터 니체에 이르는 철학자들, 공자와 예수 같은 종교 지도자들, 마키아벨리와 제퍼슨 같은 정치적 사상가들이 끊임없이 탐구한 것이기도 하다.

아래 상황을 읽고 '예상되는 결과'와 '여러분의 선택'을 적어 봅시다.

상황: 같은 반 이성 친구에게 사귀자는 고백을 받았다. 지금까지 그런 생각을 해본 적이 없었는데… 드라마나 만화에 나오는 것 같은 연애는 해보고 싶다는 생각은 했었다. 이제 어떻게 해야 할까?

STOP	☑ 반드시 정해야 할 것		
THINK	☑ 어떤 해결 방법이 있을까	예상되는 결과	
		좋은 점	나쁜 점
GO	☑ 제일 좋다고 생각한 선택과 그 이유		

나의 성 건강
목표 세우기

저는 학기 초에 "앞으로 1년 동안 보건 과목을 배우게 된다. 1년 뒤에 성취하고 싶은 나의 건강한 모습에 대해 스스로에게 편지로 적어보자. 마지막 수업 시간에 다시 펼쳐보고 이룬 점을 이야기해보자."라고 이야기하면서 수업을 시작합니다.

이는 처음부터 목표 설정 기술을 활용하여 각자의 건강 목표를 세우도록 제안하는 것입니다. 목표 설정 기술로 건강 목표를 세우기 전에 먼저 자신의 현재 건강 상태부터 평가해야 합니다. 건강 검진 결과 건강에 문제가 없는지 확인한 이후에 드러난 건강 문제를 개선하기 위한 건강 목표를 설정하게 됩니다.

목표 설정 기술이란 '현실적이고 건전한 목표를 설정하고 계획하며, 착수하는 능력'을 말합니다. 사춘기 청소년에게 목표 설정 기술을 향상시켜 성취감을 경험하도록 돕는 것은 자아존중감의 주요 요소 중 하나인 자아 효능감을 높이는 데도 중요한 역할을 합니다.

다음에 소개한 피터 드러커의 'SMART 목표 설정 기술'을 이용하여 건강 목표를 세워봅시다.

<피터 드러커의 SMART 목표 설정 기술>

• Specific 구체적인

: 구체적으로 목표를 설정하면 자신이 해야 할 행동이 더욱 명확해지는 효과가 있습니다.

예) 건강한 사람이 된다. (　) → 하루에 1시간씩 걷는다. (○)

• Measurable 측정 가능한

: 수치화 객관화하여 측정 가능해야 목표 평가가 가능합니다.

예) 인터넷 시간을 줄인다.(　) → 인터넷 사용을 하루 1시간 이내로 한다. (○)

• Action-oriented 행동 지향적인

: 목표는 생각한 만큼이 아니라 실천한 만큼 바뀌므로 모든 목표나 계획은 행동 지향적으로 세워야 합니다.

예) 컴퓨터 사용 시 눈 건강에 주의한다. (　) → 컴퓨터를 30분 이상 사용할 때는 안구 운동을 한다. (○)

• Realistic 실현 가능한

: 목표는 현재의 상황에서 가능한 현실적인 목표를 세워야 합니다.

예) 평생 사탕을 먹지 않겠다. (   ) → 사탕을 하루 두 개 이내로 먹겠다. (○)

• Time Limit 목표 시간 설정

: 목표를 언제까지 달성할 것인지 명확히 하는 것은 실천을 미루지 않게 도움을 줍니다.

예) 태권도를 열심히 배우겠다.(   ) → 6개월 안에 태권도 2급을 따겠다.(○)

목표 설정 기술에 따라 건강 목표를 세운 다음에는 이를 실천하기 위해 언제, 어디서, 무엇을, 어떻게, 얼마 동안, 실천할 것인지 구체적인 건강 증진 실천 전략을 세우도록 합니다.

건강 일기 등을 작성해서 여러 개의 단기 목표로 세분화하고, 단기 목표를 실천하면서 장기 목표가 달성될 수 있도록 계획하면 됩니다. 실천할 때마다 구체적으로 기록한다면 목표에 어느 정도 도달했는지 알려주는 피드백이 되기 때문에 많은 도움이 됩니다.

건강 목표에 따른 실천 전략을 행동으로 옮기고 난 후에는 정해진 시간이 지날 때마다 목표 달성도를 평가합니다. 목표 평가는 마지막에 하는 것이 아니라 목표를 달성할 때까지 중간 상황을 점검하고 평가해야 합니다. 결과뿐만 아니라 과정도 함께 평가해야 하기 때문입니다.

개선해야 할 나의 건강 문제	• 불규칙적으로 식사를 하고, 패스트푸드를 자주 사 먹는다. • 스트레스를 받으면 아무것도 못한다. • 학교생활에 적응하기 어렵다.
SMART한 건강 목표	• 한 달 동안 주 4회 이상 아침밥을 먹는다. • 한 달 동안 인스턴트 식품을 주 1회 이내로 먹는다.
실천 전략 짜기	• 아침을 먹은 날에는 건강 일기 달력에 표시를 한다. • 인스턴트 식품을 먹은 날에는 건강 일기에 기록한다. • 주 단위, 월 단위로 평가하여 자기 보상을 한다.

위에서 살펴본 바와 같이 사춘기 청소년들의 성 건강 문제를 파악하고 목표 설정 기술을 활용하여 성 건강 목표를 설정해봅시다. 정신적, 신체적, 사회적으로 건강한 것도 중요하지만 성적으로도 건강해야 전인적으로 건강하다고 할 수 있습니다. 이제 성 건강 목표를 세우고 아름다운 성을 가꾸어 가시기 바랍니다.

청소년과 함께 SMART한 목표설정 기술을 적용하여 '성 건강 목표'를 세워봅시다.

개선해야 할 나의 성 건강 문제	
SMART한 성 건강 목표	
실천 전략 짜기	

읽어보면 도움되는 책

『나는 이제 행복하게 살고 싶다』

캐롤라인 A. 밀러·마이클 프리슈 지음, 물푸레

행복을 원한다면, 스스로 행복에 관 관심을 갖고 행복을 만들어가야 한다. 그러기 위해서는 행복 중심의 인생목표를 재설정할 필요가 있다. 저자는 와튼 스쿨에서 목표설정이론과 긍정심리학을 결합시켜 과학적으로 검증된 인생목표 설정프로그램을 개발했다. 우리에게 '행복한 인생 만들기'를 위한 실천 과제는 무엇일까, 또 저마다 행복한 인생은 무엇인가에 대해 생각해볼 시간을 가져보자.

에
필
로
그

　새싹이 돋아나는 싱그러운 어느 봄날이었습니다. 오랜 고민 끝에 펜을 들었지요. 새로운 학생들과 학기를 시작하면서 그들의 고민을 듣고 수업을 하고 함께 씨름했습니다. 그러는 동안 그들도 얼마만큼 자랐겠지요. 어느 해보다 무더웠던 여름날을 함께했습니다. 어느새 두 번째 피는 꽃이라 불리는 낙엽이 시리도록 아름다운 가을도 지났습니다. 아름다운 은백색 눈꽃이 세상을 수놓는 계절을 지나 이제 다시 새싹이 돋는 봄을 맞고 있습니다.

　네 번의 계절이 지나는 동안 사춘기 청소년들의 심리를 이해하려고 그들이 읽고 있거나 그들을 다룬 책과 영화, 시, 노래, 드라마 등 많은 것들을 가까이 했습니다.

　이 책이 사춘기 청소년들의 여린 마음을 이해하는 데 도움이 되었으면 합니다. 청소년과 친구가 되어 그들이 느끼는 외로움과

215

아픔에 공감할 수 있었으면 좋겠습니다. 사춘기에 생기는 급격한 몸과 마음의 변화를 이해하고 그들의 고민을 이해하고 그들이 가진 성에 대한 생각을 이해하면서 사춘기 청소년들의 성에 대한 막연한 두려움이 조금은 없어지기를 바랍니다.

여러분도 '청소년과 함께 해보기', '청소년과 생각해보기'를 활용하여 그들과 함께 이야기를 나누고 함께 체험해 보셨으면 합니다. 그래서 사춘기에 겪는 성에 대해 조금이라도 더 이해하게 되었으면 좋겠습니다.

이 책이 가정과 학교, 그리고 도서관과 청소년 상담센터에서 활용되어 더 많은 사춘기 청소년들이 조금 더 행복해지기를 소망합니다.

이 책을 꼭 읽어야 할 분들

- 청소년 성교육 지도가 어려운 선생님들
- 자녀의 성교육 지도를 불편해 하는 부모님들
- 아름다운 성 가치관을 세우고 싶은 청소년들

참고문헌

『당신과 나 사이의 거리』(2018), 김혜남, 메이븐

『중학교 보건 지도서』(2018), 김희순 외, 지구문화

『중학교 라이프스킬 성 톡톡』(2017), 이규영, 중앙대학교 출판부

『자존감 수업』(2017), 유호균, 심플라이프

《2017 성평등! 나를 나답게, 자유롭게》여성가족부·한국 양성평등교육진흥원

『아들러의 감정수업』(2017), 게리 D. 맥케이 · 돈 딩크마이어(김유광 옮김), 시목

『가족심리백과』(2016), 송형석 외, 시공사

『아동 청소년 간호학 I 』(2016), 김희순 외, 수문사

『중2병의 비밀』(2015), 김현수, denstory

『자녀의 사춘기에서 살아남기』(2015), 칼 피크하르트(문세원 옮김), 생각의집

《성교육 표준안》(2015), 교육과학기술부

『3.5춘기부터 중2병까지』(2015), 중앙일보 특별취재팀, 다산에듀

『도서관 옆 철학 카페』(2014), 안광복, 어크로스

『재미있는 사춘기와 성이야기』(2014), 이명화 외, 가나출판사

『행복과 성공을 부르는 경청 심리학』(2014), 시부야 쇼조(채숙향 옮김), 지식여행

『빨라지는 사춘기』(2013), 김영훈, SEEDPAPER

《아하! 섹슈얼리티 프로그램 가이드북》(2013), 서울시립청소년성문화센터(YMCA)

《중학교 성교육 매뉴얼》(2011), 복지부, 인구복지협회

『내 아이의 사춘기』(2010), 스가하라 유코(이서연 옮김), 한문화

『초등학교 보건 지도서 5학년』(2010), 이정열 외, 교학사

『초등학교 보건 지도서 6학년』(2010), 이정열 외, 교학사

『성행동 심리학』(2006), 채규만, 학지사

『성교육 이론과 실제』(2003), 이시백 외, 서울대학교 출판부

십대들의
성교육

초판 1쇄 발행 2019년 4월 5일
초판 2쇄 발행 2021년 1월 15일

지은이   김미숙

펴낸이   강기원
펴낸곳   도서출판 이비컴

디자인   이유진
교 열   장기영
마케팅   박선왜

주 소   서울시 동대문구 천호대로81길 23, 201호
전 화   02-2254-0658   팩 스 02-2254-0634
등록번호 제6-0596호(2002.4.9)
전자우편 bookbee@naver.com
ISBN   978-89-6245-165-8 (13590)

© 김미숙, 2019

「이 도서의 국립중앙도서관 출판예정도서목록(CIP)은 서지정보유통지원시스템 홈페이지
(http://seoji.nl.go.kr)와 가자료공동목록시스템(http://www.nl.go.kr/kolisnet)에서 이용하실
수 있습니다.(CIP제어번호: CIP2019009680」

도서출판 이비컴의 실용서 브랜드 **이비락**👑은 더불어 사는 삶에
긍정의 변화를 줄 유익한 책을 만들기 위해 노력합니다.

원고 및 기획안 문의 : bookbee@naver.com